未来设计2025

潘云鹤 主编

孙守迁 副主编

中国纺织出版社有限公司

内 容 提 要

设计作为连接技术与人类情感的重要桥梁，正在不断演变。科技进步为设计带来了机遇与挑战，尤其是人工智能、大模型、虚拟现实和物联网等技术，推动了设计过程的智能化和高效化。本书分析当前设计趋势，并展望未来设计理念，涵盖从数字内容的智能创作到绿色建筑的生态构建、从大健康产业化设计到人机交互的无缝体验。内容包括传统产品的智能设计、数字内容生成及文化装备的智能技术。同时，探讨未来纺织设计、绿色建筑设计和健康产业化设计的趋势，以及未来设计的发展、伦理责任和社会挑战。通过全面视角，力求展现一个生动的未来设计世界。

本书适合设计专业师生阅读，也可供设计行业从业者参考。

图书在版编目（CIP）数据

未来设计. 2025 / 潘云鹤主编；孙守迁副主编.
北京：中国纺织出版社有限公司, 2025. 1. -- ISBN 978-7-5229-2193-8

Ⅰ. TB472

中国国家版本馆CIP数据核字第2024RH6330号

责任编辑：华长印　王安琪　　责任校对：李泽巾
责任印制：王艳丽

中国纺织出版社有限公司出版发行
地址：北京市朝阳区百子湾东里 A407 号楼　邮政编码：100124
销售电话：010—67004422　传真：010—87155801
http://www.c-textilep.com
中国纺织出版社天猫旗舰店
官方微博 http://weibo.com/2119887771
北京启航东方印刷有限公司印刷　各地新华书店经销
2025 年 1 月第 1 版第 1 次印刷
开本：880×1230　1/32　印张：6
字数：145 千字　定价：168.00 元

凡购本书，如有缺页、倒页、脱页，由本社图书营销中心调换

序

　　设计，作为连接技术与人类情感的桥梁，其充当的角色愈发重要。它不仅是美观与功能的简单叠加，更是推动社会进步、解决复杂问题、提升生活品质的关键力量。设计的范畴从传统的产品设计到服务设计再到战略设计，其边界不断扩展。科技的发展为设计带来了前所未有的机遇和挑战。人工智能，特别是大模型的应用，使设计过程更加智能和高效；虚拟现实和增强现实，为设计师提供了全新的表达方式；物联网使设计更加注重人机交互和用户体验。资源的有限性和环境的脆弱性使可持续、绿色、低碳等理念成为设计的重要方向，全球化和多元化使设计在文化交流和融合中扮演着重要角色，社会弱势群体的需求促使设计师考虑包容性和无障碍设计。

　　科技进步、社会变革正深度影响着我们的生活和工作方式。面对这些变化，我们需要思考的是：未来的设计将如何塑造我们的世界？

　　本书在分析和预测设计趋势的同时，对未来设计理念作出了探索和展望。从数字内容的智能创作，到绿色建筑的生态构建；从大健康产业化设计，到人机交互的无缝体验，我们力求展现一个全面、立体、生动的未来设计世界。

　　本书首先概述了人工智能大模型及其对设计的影响。其次，阐述了传统产品的智能设计、数字内容的智能生成、文化装备的数字智能技术。再次，介绍了未来纺织设计、绿色建筑设计、大健康产业化设计三大行业的当下设计趋势和未来设计理念。最后，探讨了未来设计发展趋势、伦理担当与社会责任，以及未来设计的机遇与挑战。

潘云鹤

孙守迁

2024 年 8 月

目 录

引言　AI大模型与未来设计 / 1

上篇　技术创新与未来设计 / 11

　　1　产品创新智能设计 / 11

　　2　数字内容智能生成 / 37

　　3　文化装备数字智能 / 63

下篇　行业发展与未来设计 / 95

　　4　未来纺织设计 / 95

　　5　绿色建筑设计 / 119

　　6　健康产业设计 / 151

最后　未来设计发展之路 / 173

引言

AI大模型与未来设计

AI 大模型

　　大语言模型（LLMs）的发展标志着自然语言处理（NLP）领域的重大突破。过去几十年来，研究者一直致力于赋予机器语言智能，但由于语言系统的复杂性，这一目标一直面临巨大挑战。NLP 模型的演变经历了从统计学习到人工神经网络的转变。近年来，基于 Transformer 架构的预训练语言模型（PLMs）成为主流方法。PLMs 通过学习大规模文本数据中的规律和模式，掌握语言的结构和语义，广泛应用于文本分类、情感分析、问答系统和机器翻译等多种 NLP 任务，并在文本生成方面表现出色。NLP 技术在设计过程中发挥了关键作用，尤其在知识编码、评估和增强方面带来了革新。NLP 的优势在于能对文本数据进行标记化，实现相似度测量、主题提取和情感分析等任务，为知识重用和用户需求获取开辟新途径。NLP 的多功能性支持从头脑风暴到详细原型设计等各种设计过程应用。NLP 在构建本体方面的应用尤为重要，有助于减少歧义，改善句子结构的连贯性，并帮助检索设计知识。相比之下，LLMs 采取了自下而上的方法，从大量数据中学习，为设计领域带来新的可能性和挑战。

　　Transformer 架构是当前 LLMs 的核心，主要由多个自注意力层和前馈神经网络层组成。自注意力机制使模型能捕获输入序列中的长距离依赖关系，高效地处理文本的语义和上下文信息。基于 Transformer 的模型如 BERT 和 GPT 在各种 NLP 任务中表现出色。近年来，LLMs 的参数量不断增加，如 GPT-3、PaLM 和 LLaMA 等。这些模型通过大规模文本数据训练，显著提升了性能，对 NLP 任务产生了深远的影响。ChatGPT 和 GPT-4 的发布是 LLMs 发展的重要里程碑，展示了模型在对话能力、多模态处理和复杂任务解决方面的进步。

总之，LLMs 的发展极大推动了 NLP 技术的进步，为人工智能领域带来重大突破。然而，随着模型规模和能力的提升，也带来了可解释性、伦理问题和计算资源消耗等新挑战，这些都是未来研究需要关注的方向。

近年来，跨媒体大模型，特别是在图像和视频生成领域，取得了显著进展。这些进展主要体现在三种主要的模型架构上：生成对抗网络（GAN）、变分自编码器（VAE）和扩散模型。

GAN 是早期图像生成技术的主要方法。GAN 由生成器和判别器组成，通过对抗训练来生成图像。生成器负责生成图像，而判别器则负责区分生成的图像和真实图像。这种对抗性训练虽然能产生高质量的图像，但也使 GAN 难以训练和达到最优平衡。

VAE 避开了对抗训练的方式，采用变分推断的方法。VAE 由编码器和解码器组成，本质上是对含隐变量的函数进行密度估计。VAE 的训练目标是进行极大似然估计，并使用变分推断思想来确保隐变量服从特定分布。然而，VAE 生成的图像往往较为模糊，这是其主要缺点。

扩散模型是近期备受关注的图像生成技术。它受到非平衡热力学的启发，定义了一个扩散步骤的马尔可夫链。扩散模型首先通过正向过程逐步将噪声加入数据，然后通过反向过程预测并去除每一步加入的噪声，最终还原出无噪声的图像。扩散模型能生成高质量图像，且训练稳定，但由于依赖长的马尔可夫链，其生成过程耗时较长，计算成本较高。当前的跨媒体大模型多基于 GAN 或扩散模型架构设计，如 Midjourney、DALL-E 系列和 Stable Diffusion 等。这些模型的普及主要得益于文生图（text-to-image）技术的发展，即用户输入文字描述，模型生成符合描述的图像。这种技术的核心在于模型对文字的理解，而这主要得益于 CLIP（Contrastive Language-Image Pretraining）模型的引入。CLIP 模型是 OpenAI 公司于 2021 年推出的视觉语言预训练模型。其核心思想是建立图像与文本的关联性，通过度量图像和文本之间的相似性来实现相互理解。CLIP 模型通过大规模互联网爬取的图像—文本对数据集进行预训练，提高了视觉语言对齐的能力。以 Stable Diffusion 为代表的文生图模型便是以 CLIP 作为文本编码器，理解文本信息作为图像生成的引导。

相比图像生成，视频生成面临更大的挑战。视频生成不仅需要确保视频的流畅性和动作连贯性，还需要模型对更复杂的语言描述有更深刻的理解。此外，文字生成视频还需要大量数据来学习字幕相关性和帧照片的写实感。

总的来说，跨媒体大模型的发展正在快速推进，特别是在图像和视频生成领域。这些模型不仅在技术上取得了重大突破，还为创意产业、内容制作等领域带来了革命性的变化。然而，随着这些技术的发展，也出现了一些新的挑战，如生成内容的版权问题、伦理问题，以及如何更好地控制和引导模型生成符合预期的内容等。这些都是未来研究需要关注和解决的重要问题。

人工智能与设计的融合：机遇、挑战与未来发展趋势

　　人工智能和设计有很多共同点，它们都涉及使用技术来创造新事物。如前所述，人工智能是计算机科学的一个分支，旨在创造能够执行任何原本需要人类智能的任务的机器，如理解自然语言、识别和分析图像，以及做出智能决策。设计则是创造新事物的过程，如产品设计、建筑设计或艺术品设计。它涉及理解用户需求，并使用各种技术和工具来创造满足这些需求的东西。

　　但人工智能并不是人类设计师的替代品，而是一种可以用来增强他们能力的工具。特别是在电子商务网页设计、WooCommerce 电子邮件定制和实时聊天客户支持方面，仍然强烈依赖人工。人工智能是一个强大的工具，设计师可以用它来产生新想法，提高效率，并根据用户需求进行个性化设计。

　　米兰理工大学和意大利工业设计协会（Associazione per il Disegno Industriale，ADI）共同推动完成的 2024 年《设计经济报告》（*Design Economy Report*）中提到，35.6% 的工作人员经常使用生成型 AI，而拥有 10 名以上员工的公司利用率还要高于平均水平（48.5%）。关于竞争优势，报告首先强调了大型工作团队（45.7%）中的虚拟协作，如利用在线平台、机器翻译、人工智能辅助头脑风暴等。其次，从好的角度来看，这样的工作模式也有效地缩短了项目开发的时间（42%），体现在创成式设计或快速原型和测试。最后是针对终端用户的产品、服务和体验的个性化（37.7%），如根据用户偏好自动调整

内容、图像或用户界面、三维建模或定制。

从采用人工智能解决方案中受益最大的设计专业领域是数字和交互设计（61.1%），这也依赖于人工智能来优化和个性化用户体验。从数据来看，39.7%的受访者认为 AI 可以成为设计师在项目工作中的强大盟友，但公司（33.3%）和设计师（58.4%）在这一认知上仍存在显著差距。

总体而言，语言模型与跨媒体大模型在设计领域的应用展现出了多重优势。第一，它们能够显著提升设计工作的效率，通过自动化和智能化手段优化设计流程。第二，在模型定制化训练方面，这些技术确保了生成的图像严格遵循品牌的特定标识与视觉风格要求，从而有效维护了品牌形象的统一性和辨识度。第三，它们极大地缩短了传统设计与摄影所需的时间周期，并减少了相应的资源消耗，使企业能够迅速捕捉到市场需求的微妙变化，并做出灵活应对。第四，借助简单的文本到图像生成等创新方法，设计师能够迅速生成大量创意概念，极大加速了头脑风暴的进程，为探索设计领域的无限可能提供了强有力的支持。

同时，AI 大模型面临的挑战可以归为四种：第一，问题定义阶段的挑战。要平衡数据驱动和专家洞察，需要专家的定性分析来避免偏见。LLMs 生成的想法可能不总是实际可行，可能会无意中引导设计师走向标准解决方案，减少真正的创新。在生成用户画像和问卷时，确保 LLMs 生成的内容与用户需求的真实世界背景紧密相关是一个挑战。过度依赖 LLMs 进行定量分析可能会忽视问题定义中重要的定性方面。第二，概念设计阶段的挑战。管理过剩使 LLMs 可能生成过多的设计方案，导致分析瘫痪。需要仔细筛选以确保相关性和可行性。LLMs 在理解复杂的相互依赖关系和长期后果方面存在局限性，这些通常是人类专家擅长的领域。确保 LLMs 在评估设计概念时不仅关注技术方面，还要考虑社会和环境影响。在使用 LLMs 描述设计概念时，可能会丢失关键的上下文特定需求和独特的创新元素。第三，具体化设计阶段的挑战。在生成几何模型时，LLMs 可能无法正确模拟材料和制造过程的实际约束。虽然 LLMs 可以支持功能模型创建，但确保其准确性和有效性仍然是一个挑战。在使用 LLMs 翻译功能模型或用户需求时，可能会丢失一些关键信息。在风险评估和可靠性分析中，需要平衡 LLMs 的自动化能力和人类专家的判断。第四，在详细设计阶段，使用 LLMs 生成最终设计解决方案可能会限制设计师开发创新解决方案的能力。LLMs 在处理空间问题（如配置问题）方面仍有局限性，需要与其他工具集成。LLMs 可能缺乏对特定项目复杂性和专业细节的深入理解，导致在复杂项目中可能出现疏忽。在处理敏感设计信息时，使用 LLMs 可能引发数据隐私和安全问题，需要实施强有力的安全措施。

同样在如今国内通用大模型的训练中，西方大模型也在应用领域被广泛使用，这样的西文语料基地，带着一定的文化价值观导向，未来国内资产的大模型如何发展，文化大数据如何打通构建自己的文化价值特色，如何让它更垂直应用在智能制造和设计领域，更是我们需要应对的挑战。

参考文献

[1] 孙守迁，曹磊磊，王松，等. 生成式人工智能大模型在设计领域的应用 [J]. 家具与室内装饰, 2024, 31(4):1-8.

[2] Alto V. Modern Generative AI with ChatGPT and OpenAI Models: Leverage the Capabilities of OpenAI's LLM for Productivity and Innovation with GPT3 and GPT4 [M]. Birmingham: Packt Publishing Ltd, 2023.

[3] Cheng Y, Chen J, Huang Q, et al. Prompt Sapper: a LLM-empowered Production Tool for Building AI Chains[J]. ACM Transactions on Software Engineering and Methodology, 33(5): 1-24.

[4] Chiang C W, Lu Z, Li Z, et al. Enhancing AI-Assisted Group Decision Making through LLM-Powered Devil's Advocate[C]// In Proceedings of the 29th International Conference on Intelligent User Interfaces, 2024:103-119.

[5] Chiarello F, Barandoni S, Majda Skec M, et al. Generative Large Language Models in Engineering Design: Opportunities and Challenges[J]. Proceedings of the Design Society, 2024, 4:1959-1968.

[6] Ge Y, Hua W, Mei K, et al. OpenAGI: When LLM Meets Domain Experts[J]. Advances in Neural Information Processing Systems, 2024: 36.

[7] Golden A, Hsia S, Sun F, et al. Generative AI beyond LLMs: System Implications of Multi-modal Generation[C]// In 2024 IEEE International Symposium on Performance Analysis of Systems and Software (ISPASS), 2024: 257-267.

[8]　Lai T, Shi Y, Du Z. Psy-LLM: Scaling up Global Mental Health Psychological Services with AI-based Large Language Models[J/OL]. arXiv preprint arXiv:2307.11991,2023.

[9]　Lan Y J, Chen N S. Teachers' Agency in the Era of LLM and Generative AI[J]. Educational Technology & Society,2024, 27(1): I-XVIII.

[10] Ma S, Chen Q, Wang X, et al. Towards Human-AI Deliberation: Design and Evaluation of LLM-empowered Deliberative AI for AI-assisted Decision-making[J/OL]. arXiv preprint arXiv: 2403.16812, 2024.

[11] Sarker I H. LLM Potentiality and Awareness: A Position Paper from the Perspective of Trustworthy and Responsible AI Modeling[J]. Discover Artificial Intelligence, 2024, 4(1): 40.

[12] Wu S, Fei H, Qu L, et al. Next-GPT: Any-to-any Multimodal LLM[J/OL]. arXiv preprint arXiv:2309.05519, 2023.

[13] Yin W, Xu M, Li Y, et al. LLm as a System Service on Mobile Devices[J/OL]. arXiv preprint arXiv:2403.11805,2024.

[14] Yu R, Lee S, Xie J, et al. Human-AI Collaboration for Remote Sighted Assistance: Perspectives from the LLM Era[J]. Future Internet, 2024,16 (7): 254.

[15] Zamfirescu-Pereira J D, Wong R Y, Hartmann B, et al. Why Johnny Can't Prompt: How Non-AI experts Try (and Fail) to Design LLM Prompts[C]// In Proceedings of the 2023 CHI Conference on Human Factors in Computing Systems, 2023: 1-21.

上篇

技术创新与未来设计

1

产品创新智能设计

在当今的数字时代，智能技术正以前所未有的速度进步。人工智能（AI）、大数据、物联网（IoT）、虚拟现实（VR）等技术正深刻改变着热门人们的生活和工作方式。

这种改变是全方位的：宝马（BMW）的 Designworks 工作室利用 AI 工具革新汽车设计流程，辅助设计师生成图像、创建动画和开发纹理，显著优化了设计流程。与此同时，智能家居产品正逐渐成为人们生活中不可或缺的一部分，诸如 Nest 智能恒温器、Philips Hue 智能照明系统等产品利用 IoT 技术，通过联网设备和智能控制系统，使家庭生活变得更加舒适和便捷。这些产品在提升用户体验的同时，还显著提高了家庭能源利用效率，促进了节能环保。2024 年 4 月，老牌饮料企业可口可乐与微软达成了为期五年的战略合作，可口可乐向微软云及其生成式人工智能投资 11 亿美元，全面实施数字化转型，力图在产品创新方面取得变革。公司重新设计创新流程，以便更好地理解和预测市场趋势和消费者需求，也能够使设计师在短时间内生成大量新概念并迅速推向市场。此外，随着全球对可持续发展的关注，企业开始利用智能技术对产品进行全生命周期管理，以提高资源利用率并降低对环境的影响。例如 Krill Design，一家采用零废弃物进行 3D 打印的设计公司，通过智能技术将废料转化为多种多样的价值产品（图 1-1）。

在这一背景下，产品创新智能设计应运而生。智能技术的发展不仅推动了产品智能化，还彻底改变了产品设计生产的全过程。通过 AI 和机器学习，设计师可以更好地理解用户需求，快速生成多样化设计方案，并通过虚拟仿真和测试进行优化。这些技术的应用，不仅提升了设计效率，

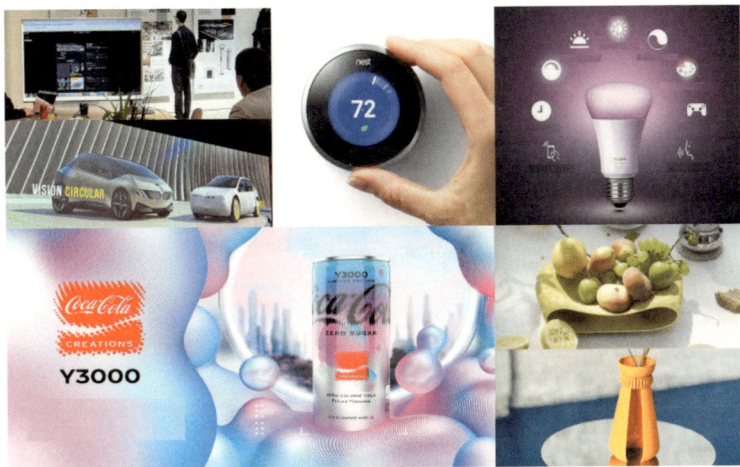

图1-1 产品创新智能设计案例

更大大缩短了产品的上市周期。

　　而上市周期的缩短，进一步推动了新品爆发的浪潮。我们已经进入个性化新品井喷的时代，这使变革的急迫感体现在各行各业的激烈竞争中。企业为了在市场中保持竞争力，必须不断创新和优化产品；设计师为了保持竞争力，则需要技术融合、技术驱动的全新方法论体系，来支撑和指导他们迈入未来设计的蓝图。由此可见，产品创新智能设计，正是为应对这一挑战而出现的。它不仅是技术发展的产物，更是市场需求的必然选择。

　　产品创新智能设计是一种结合智能技术和创新思维的设计路径，通过运用AI、大数据、IoT等技术手段，优化产品设计的过程，促进产品的智能化并提升其用户体验。具体而言，产品创新智能设计包括从用户需求分析、设计方案生成、产品优化到市场反馈的全流程智能化管理和实施。

　　产品创新智能设计能够在微观层面增强产品与企业的竞争力，帮助企业快速响应市场变化，理解用户、推陈出新。例如，利用大数据和AI技术，企业可以更准确地预测市场趋势和用户需求，优化设计和营销策略；在中观层面能够推动行业的结构性优化转型，智能设计的应用可以大幅提升设计效率和精度，降低成本，促进快速迭代创新。例如，计算机辅助设计（CAD）和计算机辅助工程（CAE）技术的应用，使复杂产品的设计和测试变得更加可靠、高效；在宏观层面，能够促进社会整体生活质量的进步和环境的可持续发展，智能设计不仅带来了更便捷、更智能的产品，还通过提升产品的用户体验，提高了社会整体生活质量，同时，企业可以更好地实现资源的优化配置和可持续发展目标。例如，基于物联网技术的产品全生命周期管理，能够有效提高资源利用效率。

本章旨在系统性地阐释产品创新智能设计的理论基础、关键技术、实践应用案例及其面临的挑战和前景。本章将提供全面的概念和知识框架梳理，帮助理解和应用产品智能创新设计技术，以实现产品创新和市场竞争力的提升。

本章的结构如下：

第一部分是理论基础与关键技术，介绍产品创新智能设计的理论基础，包括设计思维和创新理论，以及相关的关键技术，如 AI、大数据、VR、IoT 等。

第二部分是实践应用案例，通过详细分析多个实际应用案例，展示智能设计在不同领域的具体应用和成效。

第三部分是挑战与前景，探讨当前产品创新智能设计所面临的挑战和未来的发展前景，探索未来方向和可能的发展路径。

读者将能够掌握产品创新智能设计的核心概念和方法，提升对本领域的认识和技能水平，为实现更高效、更智能的下一代产品设计提供有力支持。

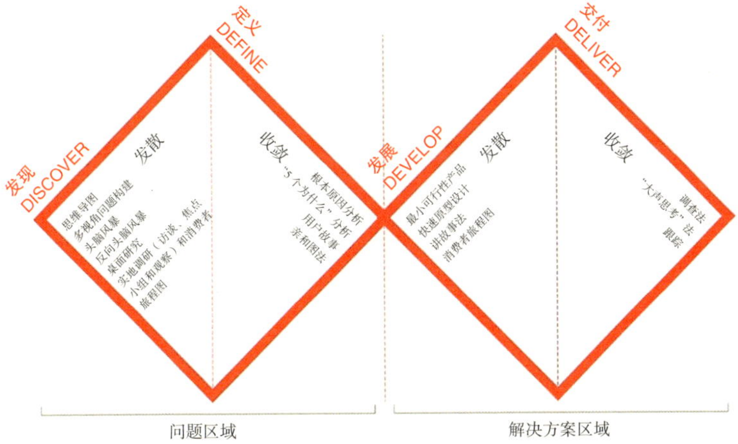

发现 DISCOVER
定义 DEFINE
发展 DEVELOP
交付 DELIVER

发散
思维导图
多观看问题构建
关键提案集
区间主题风集
桌面研究
实地调研（访谈、焦点
小组和观察）和消费者
旅程图

收敛 "5个为什么"分析
根本原限分析
用户故事
亲和图法

发散
最小可行性作品
快速原型设计
讲故事法
消费者旅程图

收敛 "大声思考"法
顾客法
观察

问题区域 解决方案区域

图1-2 双钻设计思维过程模型
［图片来源：英国设计委员会（Design Council）］

1.1 理论基础与关键技术

1.1.1 产品创新智能设计的理论基础

（1）设计思维及其在产品创新智能设计中的应用

设计思维（design thinking）是一种以人为中心、通过创造性解决问题的方法论，强调通过深入理解用户需求和痛点，以创新的思维模式和方法来开发产品和服务。设计思维的独特魅力在于，它不仅是一种认识论，更是一种以"解决方法"为导向的方法论。设计思维不是从具体问题出发，而是从目标或主要主观"目的"出发，这种思维方式通常应用于人工环境的各类创造和发展过程中。同时，设计思维更是一种文化和思维模式，它强调跨学科合作和用户参与，通过多元化的团队和用户共创，提升创新能力和设计效果（图1-2）。

在设计研究领域，斯坦福大学设计学院（Stanford d.school）提出的设计思维与方法具有重要的价值，其核心在于将"同理心"作为设计研究的出发点。这种方法由五个主要步骤组成：同理心（共情）、定义、概念提出、原型制作和测试，这五个步骤构成了设计思维的基本框架。

15

①**同理心（共情）：** 设计师通过观察和互动，深入了解用户的需求、动机和情感，发现用户的真实需求和潜在问题，这是设计思维的起点。

②**定义：** 在理解用户需求的基础上，明确设计问题。定义问题的过程不仅是简单地描述问题，而是要将问题转化为具体、可操作的设计目标。

③**概念提出：** 设计团队通过头脑风暴等方法，提出大量的创意和解决方案。在这个阶段，不限制思维的广度，鼓励创新和多样性。

④**原型制作：** 快速制作低保真或高保真的原型，验证设计概念。原型制作使设计方案从概念转化为实际可见的产品，便于测试和迭代。

⑤**测试：** 在实际使用环境中测试原型，收集用户反馈，进行不断的优化和改进。测试是一个反复迭代的过程，通过用户反馈不断完善设计。

此外，麻省理工学院（MIT）提出的设计思维方法则用于解决当前问题，这个过程包括从概念、开发、创意提出、模型验证到最终输出的完整流程。与斯坦福大学设计学院强调的同理心不同，麻省理工学院更注重经济实现，也代表了设计思维的另一方面侧重。

设计思维在产品创新智能设计中的主要应用可以提炼为如下几点。

①**用户需求分析：** 通过设计思维的共情和定义阶段，设计师可以更加深入和全面地了解用户需求。利用大数据和 AI 技术收集和分析用户行为数据，从而更精准地把握用户需求变化趋势。

②**快速迭代和原型测试：** 智能设计工具，如 VR 和增强现实（AR）技术，使设计师能够快速制作和测试原型。通过原型制作和测试阶段，设计师可以在虚拟环境中进行模拟，快速迭代和优化方案。

③**跨学科合作和团队创新：** 设计思维强调跨学科合作，在产品创新

智能设计中，设计师、工程师、数据科学家等多学科团队共同合作，利用各自的专业知识和技能，共同解决复杂的设计问题。

④**用户共创和参与：**设计思维强调用户参与，通过共创工作坊和用户测试，用户可以直接参与到设计过程中，提供反馈和建议。智能设计工具,如在线协作平台和用户参与系统,使用户的参与变得更加便捷高效，提升了用户体验感和设计质量。

（2）创新理论及其在产品创新智能设计中的应用

创新理论主要研究如何通过系统化的方法和工具，推进创新过程和成果的产出。创新理论的核心内容包括创新来源、创新过程、创新管理和创新扩散与采纳。

①**创新来源：**创新可以来源于技术进步、市场需求变化、用户反馈、竞争压力等多个方面。创新理论研究如何识别和捕捉这些创新来源，并将其转化为实际的创新成果。

②**创新过程：**创新过程通常包括探索、概念生成、开发、测试和商业化五个阶段。创新理论通过系统化的流程和工具，指导企业和设计师在每个阶段进行有效的创新活动，确保创新成果的可行性和市场适应性。

③**创新管理：**创新管理涉及创新项目的规划、组织、实施和控制。通过科学的创新管理方法，可以提高创新项目的成功率，优化资源配置，促进创新成果的快速转化。

④**创新扩散与采纳：**创新扩散是指创新成果在市场中的传播和应用，创新采纳是指用户和企业对创新成果的接受和使用。创新理论研究创新扩散和采纳的机制和策略，帮助企业制定有效的市场推广和用户引导方案。

创新理论在产品创新智能设计中的应用可以汇总为以下重要方向。

①**技术驱动创新：**通过 AI、大数据、IoT 等前沿技术的应用，推动产品设计创新。创新理论指导设计师利用这些技术进行创新探索和开发，提高设计的智能化和创新性。

②**用户导向创新：**创新理论强调以用户需求为导向，通过用户调研和反馈，持续优化设计方案。智能设计工具，如用户行为分析系统和用户体验测试平台，可以帮助设计师更好地理解和满足用户需求，实现用户导向的创新。

③**创新过程的管理优化：**通过创新管理工具和方法，优化智能设计的创新过程，提高设计效率和质量。创新理论指导设计师在创新过程中进行科学的管理和控制，确保创新成果的可行性和市场适应性。

④**创新成果的扩散与应用：**利用创新理论中的扩散和采纳策略，推动智能设计成果的市场化和商业化。智能设计工具，如市场分析系统和用户引导平台，可以帮助企业制定有效的市场推广方案，加速创新成果的扩散和应用。

通过设计思维和创新理论的结合，产品创新智能设计不仅能够提升设计的智能化和创新性，还可以通过系统化的方法和工具，实现设计过程的高效管理和优化，促进创新成果的快速转化和应用。

1.1.2　产品创新智能设计的主要技术

本节将阐述 10 种常见技术在产品创新智能设计中的应用（图 1-3）。

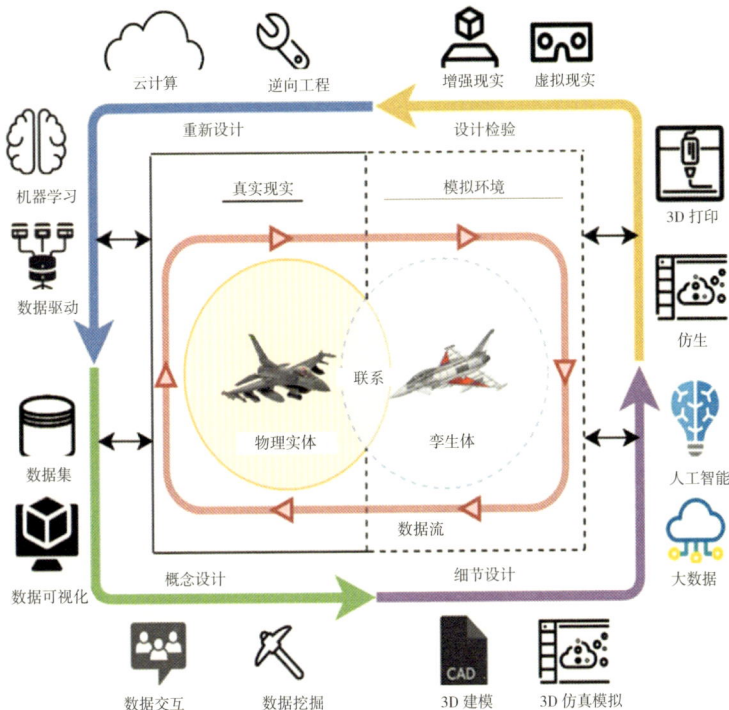

图 1-3 产品设计中的数字化转型要素及其相关技术

（1）人工智能（AI）和机器学习（ML）

深度学习是一种机器学习技术，通过多层神经网络处理和大量数据分析，从而自动提取特征和规律。在产品设计中，深度学习可用于优化设计方案、预测市场需求、提高设计效率，并通过分析用户反馈持续改进产品。

生成对抗网络（GANs）是一种通过两个神经网络（生成器和判别器）对抗训练的技术，生成新颖的设计方案和创意图像。它在产品设计实践中可以通过生成逼真的设计模型，提高设计质量和创新性。

自然语言处理（NLP）可以理解非结构性的数据，如用户的交互文本数据、评论，进行情感分析，从而理解用户反馈、评论和需求，从中提取有价值的信息用于设计决策。

（2）大数据分析（big data）

大数据分析是指通过处理和分析大量数据，提取有价值的信息和洞见的过程。在产品设计中，大数据分析的应用可以显著提高设计决策的科学性和效率。以下是其在产品设计中的三个主要应用方面。

①**数据挖掘**：从大量数据中提取有价值的模式和趋势，指导设计方向和创新策略。在数据驱动的产品设计中，数据挖掘通过分析产品生命周期中的各类数据，帮助设计师识别用户需求、产品性能和市场趋势等关键因素。例如，通过对用户反馈和使用数据的挖掘，可以发现用户对特定功能的偏好，从而优化产品功能设计，提升用户满意度和市场竞争力。

②**用户行为分析**：通过对用户交互数据的分析，了解用户偏好和需求变化。在产品设计过程中，通过大数据技术分析用户使用产品的行为数据，如点击、浏览、购买等，可以帮助设计师深入理解用户的真实需求和行为模式，从而更精准地满足用户期望。例如，分析用户在不同情境下的使用行为，可以为设计师提供产品界面和功能布局优化的依据，提升产品的易用性和用户体验感。

③**市场分析**：通过大数据技术分析市场动态和竞争环境，为产品创新提供参考。通过对市场销售数据、竞争对手产品数据和消费者评价数据的综合分析，企业可以全面了解市场趋势和消费者需求，从而制定科学的产品研发和市场推广策略。例如，通过分析竞争对手的产品性能和用户反馈数据，可以帮助企业发现市场中的机会和空白点，开发具有竞争优势的创新产品。

总结而言，大数据分析在产品设计中起着关键作用，通过数据挖掘、用户行为分析和市场分析，企业能够更好地理解市场需求和用户偏好，从而进行科学、精准的产品设计和创新，提高产品竞争力和用户满意度。

（3）计算机辅助设计（CAD）和计算机辅助工程（CAE）

①**计算机辅助设计（CAD）**：利用计算机技术进行产品设计和建模的过程。CAD 软件允许设计师创建精确的二维和三维模型，从而提高设计效率和精度，减少设计错误。例如，设计师可以通过 CAD 软件快速创建和修改产品模型，进行虚拟装配和测试，确保各个零件的配合和整体结构的合理性。此外，CAD 还支持复杂曲面的创建和分析，使产品设计更加精细和优化。

②**计算机辅助工程（CAE）**：利用计算机进行工程分析和仿真的过程。CAE 工具帮助工程师在设计阶段对产品的可行性和性能进行验证和优化。通过有限元分析（FEA）、计算流体力学（CFD）等技术，工程师可以模拟产品在各种工况下的表现，从而预测可能发生的故障并改进设计。例如，通过 CAE，工程师可以在虚拟环境中测试产品的强度、刚度、热性能等，发现潜在问题并进行优化，避免昂贵的实物测试和修改。

（4）虚拟现实（VR）和增强现实（AR）

①**虚拟现实（VR）**：虚拟现实技术提供了沉浸式的设计体验，使设计师能够在虚拟环境中测试和优化产品设计。在虚拟现实中，设计师可以"看到""触摸"或"使用"虚拟模型，从而更直观地了解产品的结构和功能。这种沉浸式体验不仅提高了设计的精确性，还减少了物理原型的需求，节省了时间和成本。

②**增强现实（AR）**：增强现实技术通过在现实环境中叠加虚拟信息，

辅助设计和用户交互。设计师可以在实际的物理环境中查看和修改设计，提升设计的可视化效果。此外，增强现实技术还能够帮助设计师和用户更直观地理解设计方案，提高用户体验感和设计反馈的效率。

（5）物联网（IoT）

智能产品设计是利用物联网技术，设计具有智能功能的产品，如智能家居设备和可穿戴设备等。这些智能产品可以通过嵌入传感器和连接网络，实现自动化控制和数据采集，从而提高用户的生活质量和使用体验感。物联网技术使产品不仅具备基本功能，还能通过互联互通，实现更为智能和个性化的服务，通过物联网设备收集使用数据，实时反馈给设计师进行产品改进和优化。这些数据包括产品的使用频率、用户行为模式和故障情况等，可以帮助设计师及时发现产品设计中的问题，优化产品性能和用户体验。例如，通过分析智能家居设备的数据，设计师可以调整设备的能耗管理策略，以提高能源效率和用户满意度。

（6）云计算（cloud computing）

云计算是一种模型，它通过互联网或网络，能够随时随地提供普遍、便捷、按需的访问，连接到一个共享的可配置计算资源池，这些资源可以快速地在任何时间、任何地点进行调配（图1-4）。利用云计算技术，构建跨地域的协同设计平台，支持设计师和工程师的实时协作。云计算的高可用性和可扩展性使分布在不同地域的团队可以共享设计文件和资源，从而提高工作效率，缩短设计周期。高性能计算、云计算提供强大的计算能力，支持复杂的设计仿真和数据分析任务。设计师和工程师可以通过云平台获取高性能计算资源，进行大规模的仿真和优化分析，确

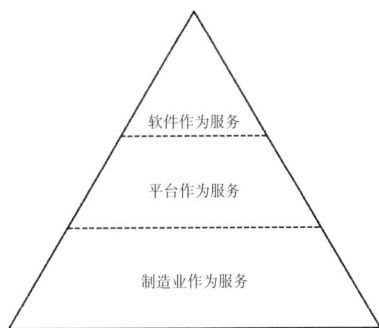

图 1-4　金字塔形式的云服务模型

保设计的可行性和性能，同时减少对本地硬件的依赖。

（7）4D 打印技术（4D printing-progress）

3D 打印技术能够帮助设计师快速制作产品原型，从而进行设计验证和测试。这种技术允许在短时间内创建精确的物理模型，有助于识别设计中的潜在问题，并在早期阶段进行改进，从而节省时间和费用成本。例如，通过 3D 打印，可以在几小时内完成一个复杂零件的原型制作，这在传统制造方式下可能需要数天或数周。增材制造技术使产品的个性化定制和小批量生产成为可能。这种技术通过逐层添加材料，可以实现高度复杂和定制化的设计，满足用户的多样化需求。

4D 打印技术是 3D 打印技术的进阶版，是一种能够让打印出的物体在特定的外部刺激下自动改变形状或功能的创新技术。这项技术由麻省理工学院的斯凯勒·蒂比茨（Skylar Tibbits）在 2013 年首次提出，它通过将智能材料与 3D 打印技术相结合，使打印的物体能够随时响应环境变化（如温度、湿度、光照等），从而实现自我变形、自我组装或功能转换。在产品设计中，4D 打印技术开辟了全新的可能性，允许设计师创造出能够适应不同环境、自我调节或自我修复的产品。这种技术在医疗器械（如可自我展开的支架）、建筑（如可自我组装的结构）、时尚（如可变形服装）和航空航天（如可展开的太空结构）等领域有着广泛的应用前景，为产品设计带来了革命性的创新潜力。

（8）区块链（block-chain）

区块链是一种由中本聪（Satoshi Nakamoto）提出的基础技术，最初用于支持比特币等数字货币。区块链具有高度的安全性、不可逆性、分布式、透明性和准确性。通过构建数据结构和加密传输交易信息，区块链实现了比特币的挖矿和交易。数据加密确保了更新或删除现有交易的成本极高，使区块链具备防篡改的特性。区块链由具有维护功能的节点共同维护，没有集中管理机构，任何节点的权利和义务都是平等的，适用于需要识别和验证的数据存储。

①**供应链管理：**利用区块链技术可以实现供应链的透明化和可追溯性，从而提高产品设计和制造过程的安全性和可靠性。通过区块链，供应链各环节的信息可以被实时记录和共享，防止数据被篡改，确保信息的真实性和可靠性。例如，区块链可以记录产品从原材料到成品的整个生产流程，确保每个环节的透明度，帮助企业更好地管理和监控供应链。

②**知识产权保护：**通过区块链技术，可以有效保护设计师的创意和设计版权，防止侵权行为。区块链的不可篡改性和透明性，使每一个设计作品的创建和修改记录都可以被永久保存和验证。这不仅有助于防止未经授权的复制和盗用，还可以提供强有力的证据支持知识产权纠纷的解决。例如，设计师可以将其创意和设计上传至区块链，确保其创作的时间和内容不可更改，从而有效保护其知识产权。

（9）人机交互（HCI）

人机交互（HCI）关注人与计算机之间的接口方法和工具、计算机系统的可用性评估，以及更广泛的以人为中心的问题。基于人们如何感知信息和与设备及他人互动的理论，设计师在设备与人之间扮演关键角色。通过这种互动，设计知识也被引入了背景，包括视觉层次、颜色和排版。

用户界面设计可以提升用户体验。HCI设计师通过研究用户需求和行为，开发符合用户需求的互动解决方案，使用视觉层次、颜色和排版等设计知识，使界面更加直观和易用，从而提高用户的满意度和使用体验感。

交互原型可以测试和优化用户交互流程。设计师开发交互原型并分析其性能，使用交互设计法则如费茨法则（Fitts'Law）和希克法则（Hick's Law）进行指导，通过用户测试评估设计的可用性和互动性，发现并解决早期开发阶段的问题，从而确保最终产品的有效性和功能性。

（10）数据可视化（data visualization）

数据可视化是一种将抽象数据转化为视觉表示的方法，通过图形、颜色和形状等视觉元素展示数据，从而帮助用户更好地理解和分析信息。以下是数据可视化在产品设计中的两个主要应用。

①**设计数据分析：**数据可视化技术将复杂的数据和分析结果图形化，便于理解和决策。例如，设计师可以使用图表、仪表盘等工具展示用户数据和市场趋势，从而快速识别重要模式和异常情况。这种直观的展示方式使决策过程更加高效和准确。

②**用户反馈可视化：**将用户反馈和需求数据进行可视化处理，帮助设计师直观了解用户偏好和需求变化。例如，通过词云、热图等技术，设计师可以快速识别用户评论中的高频词汇和情感倾向，从而优化产品设计以更好地满足用户需求。

1.2 实践应用案例

1.2.1 美国航空公司的预订服务系统

美国航空公司是全球领先的航空公司之一，每天运营近6700次航班，覆盖350多个目的地。为了提升客户体验和运营效率，公司决定与国际商业机器公司（International Business Machines Corporation, IBM）合作进行数字化转型。其中，预订服务系统是公司与客户交互的重要渠道。原有系统基于单体架构，在应对客户需求变化和特殊情况时缺乏灵活性。特别是在遇到天气等因素导致航班取消时，客户无法通过自助渠道快速重新预订航班，这严重影响了客户体验和公司运营效率。

设计过程始于深入的用户需求分析。美国航空公司通过调研发现，客户希望在航班被取消时能够通过多种渠道（如网站、移动应用、自助终端等）快速便捷地重新预订航班。基于这一需求，公司决定开发一个动态重新预订应用。在技术选择上，美国航空公司采用了IBM云平台，利用其高可用性和扩展性优势。同时，公司引入了微服务架构，将各个业务功能模块化，提高了开发和部署效率。在开发方法上，采用了IBM车库创新方法论（IBM Garage Method），实现快速迭代和持续改进。设计团队首先创建了200多个用户故事，指导新应用的开发。随后，团队确定了最小可行产品（minimum viable product, MVP），并开始编码。通过使用微服务、结对编程和测试驱动开发，团队实现了高度并行的开发过程，加速了云原生代码的创建。

图 1-5　预订美国航空示意图
（图片来源：由 DALL-E 生成）

新开发的动态重新预订应用在短短 4 个半月内完成并在 8 个机场投入使用，远快于传统开发方法（图 1-5）。该应用使客户能够通过多种渠道查看替代航班选项，并进行自主选择和确认，显著减少了客户需要与客服人员沟通的时间。应用推出后受到用户高度评价，许多用户表示这一功能极大地方便了他们在航班变更时的操作，减少了等待时间和不便。从商业角度看，新系统不仅提升了客户满意度，还优化了公司的运营流程，特别是在高峰期和特殊天气情况下的航班管理效率。此外，将应用迁移到 IBM 云平台还显著地节约了成本，避免了现有硬件升级的资本支出，同时提高了服务器性能和可靠性，减少了终端用户响应时间。

美国航空公司的这次服务系统改造成功的关键在于：

·深入理解并快速响应用户需求

·采用先进的云计算和微服务架构

·使用敏捷开发方法，实现快速迭代和持续优化

·与技术合作伙伴 IBM 的紧密合作

项目过程中面临的主要挑战包括系统集成的复杂性和时间的紧迫性。通过采用微服务架构和敏捷开发方法，团队成功应对了这些挑战。美国航空公司的案例展示了如何通过技术创新和智能应用提升产品设计和用户体验，为航空业数字化转型树立了良好典范。

图 1-6　支付宝智能助理交互界面

1.2.2　支付宝智能助理的开发设计过程

　　支付宝智能助理是蚂蚁集团基于人工智能技术开发的一款生活服务类 AI 产品（图 1-6）。不同于传统的聊天型 AI，支付宝智能助理是一款"办事型 AI"，专注于为用户提供实际的生活服务。它融入支付宝 App，为用户提供包括出行、健康、政务在内的 30 多项数字生活服务。

　　支付宝通过大数据分析和用户反馈，识别用户在日常生活中的各种需求和痛点。调查发现，用户希望能够随时随地获得高效、准确的生活服务，覆盖范围包括衣食住行、医疗、政务等多个方面。

　　基于用户需求分析，支付宝设计了一个融入 App 的智能助理系统，旨在提供全方位的生活服务（图 1-7）。设计理念强调实用性、便捷性和个性化，通过人工智能技术提升用户的日常生活体验。

　　蚂蚁百灵大模型为支付宝智能助理提供了强大的自然语言处理能力，是整个系统核心技术的基础。具体应用包括：多场景理解，能够准确理解用户在出行、健康、政务等 30 多个生活场景中的各种指令和

图 1-7　蚂蚁开放日摄影作品

需求；支持用户通过文字或语音输入简单指令，如询问五一假期的车票或机票信息；基于用户的具体需求（如时间、价格等），快速提供定制化的建议和服务；跨域知识整合，整合了旅游、餐饮、医疗、政务等多个领域的知识，为用户提供全面的信息和服务；智能导航，充当"App智能导航"的角色，帮助用户快速定位和链接支付宝生态内的各种服务。

云计算技术确保了支付宝智能助理系统的高可用性和可扩展性，具体体现在：高并发处理，支持数亿用户同时访问和使用，特别是在节假日等高峰期能够保持稳定运行；弹性伸缩，根据用户需求的变化，系统可以自动调整计算资源，保证服务质量；快速响应，通过分布式计算，保证了系统能在 5 秒内快速找到用户所需的信息和服务；多元服务集成，支持与支付宝生态内的众多服务（如小程序）的无缝链接和调用；数据存储与处理，为大规模用户数据和服务信息提供安全、高效的存储和处理能力。

大数据分析技术在支付宝智能助理中的应用主要体现在以下方面：用户行为分析，分析用户的历史行为和偏好，是智能助理提供个性化服

图 1-8 支付宝"一呼即应"的用户体验设计目标

务的基础；需求预测，基于大数据分析，预测用户可能的需求，提前准备相关服务和信息；服务优化，通过分析用户反馈和使用数据，不断优化智能助理的服务质量和范围；精准营销，结合用户画像和行为数据，为用户推荐最适合的优惠和福利；趋势洞察，分析海量用户数据，洞察用户需求变化趋势，指导产品迭代和新功能开发；场景联动，通过数据分析，实现不同场景间的智能联动，如出行、餐饮、医疗、政务等。

这三项技术的结合，使支付宝智能助理能够提供高效、精准、个性化的服务，真正实现"一呼即应"的用户体验。同时，这也体现了蚂蚁集团"让 AI 像扫码支付一样便利每个人的生活"的理念，推动 AI 技术在日常生活中的广泛应用（图 1-8）。

尽管还处于测试阶段，但支付宝智能助理已经受到用户的积极反馈。用户表示，该产品在解决日常生活问题方面表现出色，提高了效率，减少了生活中的诸多不便。智能助理的推出进一步强化了支付宝作为生活服务平台的定位，有望吸引更多用户使用支付宝 App，增加用户黏性，并为商家带来更多商机。

总的来说，支付宝智能助理的开发充分体现了蚂蚁集团"让 AI 像扫码支付一样便利每个人的生活"的理念，为 AI 技术在日常生活中的应用提供了一个成功范例。

1.3 挑战与前景

1.3.1 所面挑战

（1）技术实现难度

虽然产品创新智能设计前景广阔，但在技术实现上仍面临许多困难。智能设计需要结合多种前沿技术，如 AI、大数据、IoT 和 VR 等，这些技术在应用中不仅需要高精度的算法和复杂的编程，还须确保不同技术的无缝集成和协同工作。这种技术实现的复杂性，使设计师和工程师需要具备跨学科的知识和技能，同时要应对不断变化的技术标准和要求。

（2）数据隐私和安全问题

随着智能设计越来越依赖大数据和人工智能技术，数据隐私和安全问题也变得尤为重要。在收集和分析用户数据的过程中，如何保护用户隐私、防止数据泄露和滥用成为一大挑战。企业需要制定严格的数据管理和安全策略，确保数据在整个生命周期中的安全性和合规性。此外，数据隐私法规（如 GDPR[①]）的不断完善和严格执行，也对智能设计的数据处理提出了更高的要求。

（3）人才培养和团队建设

智能设计涉及多个前沿技术领域，需要具备跨学科知识和技能的专业

---

① 《通用数据保护条例》又名《通用数据保护规则》，是在欧盟法律中对所有欧盟成员国内个人关于数据保护和隐私的规范，涉及了欧洲境外的个人数据出口。GDPR主要目标为取回个人对于个人数据的控制，以及为国际商务而简化欧盟内的统一规范。

人才。然而，目前市场上这类综合型人才相对稀缺，企业在人才培养和团队建设方面面临巨大挑战。为了解决这一问题，企业需要投入大量资源进行内部培训和知识更新，同时需要与高校和研究机构合作，共同培养符合未来需求的设计和技术人才。

（4）用户需求快速变化

在快速变化的市场环境中，用户需求呈现多样化和快速变化的特点。智能设计虽然能够通过大数据和 AI 技术进行用户需求预测和分析，但如何快速响应和适应这些变化，仍然是一大挑战。设计团队需要建立灵活的设计流程和迭代机制，通过不断的用户测试和反馈调整设计方案。

1.3.2 未来前景

（1）技术浪潮中的创新之光

随着技术的不断进步，产品创新智能设计迎来了前所未有的新机遇。人工智能和机器学习技术的快速发展，使设计过程中的数据处理和分析更加高效和精准。通过深度学习算法，可以更好地理解和预测用户需求，从而生成更加个性化的设计方案。此外，VR 和 AR 技术的成熟，使设计师能够在虚拟环境中进行产品测试和优化，极大地提升了设计效率和效果。这些技术进步为智能设计提供了强有力的支持，推动了设计方法和工具的不断创新。

（2）未来创新智能设计的无尽疆域

智能设计不仅在传统的产品设计领域展现出强大的潜力，还在许多新兴领域中发挥着重要作用。在医疗领域，通过智能设计可以开发出更加智能和个性化的医疗设备，改善患者的治疗体验和效果；在汽车制造领域，智能设计帮助工程师优化车辆性能，提高安全性和舒适性；智能家居产品的普及，使家庭生活更加便捷和智能化……随着技术的不断进步，产品创新智能设计将在更多领域得到应用，带来更多创新和变革。

（3）市场与政策环境的积极引导与培育

市场和政策环境的变化也为产品创新智能设计的发展带来了新的机遇和挑战。随着消费者对个性化和高质量产品需求的增加，市场对其的需求也在不断上升。企业需要不断创新设计方法和工具，以满足市场需求，保持竞争力。同时，各国政府对数据隐私和技术安全的重视程度不断提高，相关法规和政策也在不断完善。这对产品创新智能设计提出了更高的要求，也为其发展提供了有力保障。

参考文献

[1] 邹玉清.基于未来视角的产品设计方法研究[D].南京：南京艺术学院，2021.

[2] Brown T. Design Thinking[J]. Harvard Business Review, 2008, 86(6): 84-92.

[3] Chesbrough H. Open Innovation: The New Imperative for Creating and Profiting from Technology[M]. Cambrige USA: Harvard Business School Press,2003.

[4] Christensen C M. The Innovator's Dilemma: When New Technologies Cause Great Firms to Fail[M]. Cambrige USA: Harvard Business School Press,1997.

[5] Cross N. Design Thinking: Understanding How Designers Think and Work [M].London: Bloomsbury Publishing, 2011.

[6] Dodgson M, Gann D, Salter A. The Management of Technological Innovation: Strategy and Practice[M]. Oxford: Oxford University Press,2008.

[7] Dorst K. The Core of 'design thinking' and its Application[J]. Design Studies, 2011, 32(6): 521-532.

[8] Feng Y, Zhao Y, Zheng H, et al. Data-driven Product Design Toward Intelligent Manufacturing: A Review[J]. International Journal of Advanced Robotic Systems, 2020, 17(2): 172988142091125.

[9] Verganti R, Vendraminelli L, Iansiti M. Innovation and Design in the Age of Artificial Intelligence[J]. Journal of Product Innovation Management, 2020, 37(3): 212-227.

[10] Wang Z, Liu W, Yang M. Data-driven Multi-objective Affective Product Design Integrating Three-dimensional Form and Color[J]. Neural Computing and Applications, 2022, 34(18): 15835-15861.

[11] Haleem A, Javaid M, Qadri M A, et al.Artificial intelligence (AI) Applications for Marketing: A Literature-based Study[J]. International Journal of Intelligent Networks, 2022,3: 119-132.

[12] Peters D, Vold K, Robinson D, et al. Responsible AI—Two Frameworks for Ethical Design Practice[J]. IEEE Transactions on Technology and

Society, 2020, 1(1): 34-47.

[13] Tharatipyakul A, Pongnumkul S. User Interface of Blockchain-based Agri-food Traceability Applications: A Review[J]. IEEE Access, 2021, 99:1.

[14] Kelley T, Littman J. The Art of Innovation: Lessons in Creativity from IDEO, America's Leading Design Firm[J]. Crown Business, 2001.

2 数字内容智能生成

AIGC(AI-Generated Content)作为"人工智能生成内容"的简称，已走过了很长的历程，并在当下展现出空前的活力。早期，AIGC 主要依托于 AI 工具，为影视、娱乐、工业建模等特定任务场景提供内容模板。然而，随着 AI 技术的飞速进步和元宇宙概念的兴起，AIGC 的发展得到了产业界的广泛推动，呈现出爆发式增长的态势。

技术革新方面，生成对抗网络（Generative Adversarial Network, GAN）在 2014 年问世，标志着 AIGC 进入了一个新时代。其基于对抗学习的理念，通过生成器（generator）和判别器（discriminator）之间的不断博弈和迭代，生成了具有高度真实性的内容。随后，GAN 模型得到了进一步发展，如深度卷积 GAN（Deep Convolutional GAN, DCGAN）、有条件 GAN（Conditional GAN，CGAN）、InfoGAN 等修正模型等，这些模型不仅提升了训练效率，还增强了模型的可解释性。2021 年，CLIP（Contrastive Language-Image PreTraining）模型通过结合文本编码器（text encoder）和图像编码器（image encoder），实现了高效的多模态识别与转换。这一模型利用无监督的文本信息作为监督信号，有效提升了视觉特征的学习效率，为 AIGC 在图文内容生成方面提供了强大支持。2022 年，扩散模型（diffusion model）成为 AIGC 领域的热门研究方向。它通过前向扩散和反向生成过程，实现了高效的图文生成。这种模型的高效性和创新性在 ICLR 2023 会议中得到了充分体现，其关键词出现频率的显著提升反映了其在 AIGC 领域的重要地位。

产业应用方面，AIGC 的应用场景也在不断丰富。从文本创作、图

图 2-1　DALL-E2 生成的图像
（图片来源：DALL-E2 官方网站）

像影像生成到虚拟场景、艺术创作，AIGC 的应用领域正在迅速扩展。知名市场调研机构高德纳（Gartner）公司在最新的研究报告中指出，到2025 年，生成式 AI 生成的内容将占据网络内容的 30%。这一预测不仅反映了 AIGC 的巨大市场潜力，也预示了其在未来网络内容生成中的重要地位。

AIGC 正处在一个快速发展的阶段，其技术革新和产业应用都在不断推动着该领域的进步。从 GAN、CLIP 到扩散模型，每一次技术革新都为 AIGC 带来了新的可能性。而随着虚拟现实、数字孪生等技术的不断发展，AIGC 的应用场景也将越来越广泛（图 2-1）。

2.1　理论基础与关键技术

2.1.1　生成对抗网络

21 世纪 00 年代后期，深度学习的快速发展带来了突破性的进展。2014 年，伊恩·古德费洛（Ian Goodfellow）等人提出了生成对抗网络（GANs），这是一种由生成器和判别器组成的双网络架构，通过两者之间的对抗训练，使生成器能够生成非常逼真的图像（图 2-2）。

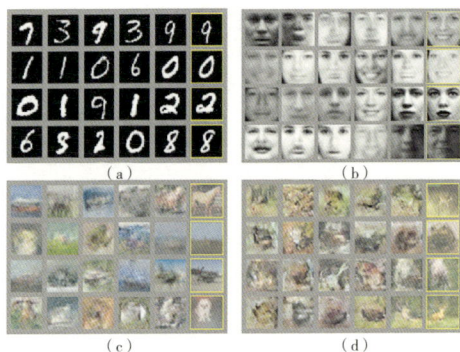

图 2-2　GANs 生成的虚拟图片[1]

（1）GANs 的工作原理

生成器使用卷积神经网络（CNN）和卷积计算，将输入的随机数据转化为三通道的二维数组，这种数组与计算机当中的图片存储相同，因此可以直接显示为正常的图像。而判别器同样是一个 CNN，将生成器生成的图像或者真实的图片样本进行数据处理，最终生成一个输出，用来判断输入的图片是真实的还是虚假的。最初，判别器在生成器生成质量不佳时很容易识别虚假图片，经过不断迭代，生成器生成的图片质量更高，判别器也需要逐渐提升性能来更好地分辨。最终，随着生成器的性能达到巅峰，判别器也无法识别出生成的虚拟图片。这种网络巧妙地引入计算机判别方式，使人类无须对生成的虚假图片进行人工评定。

（2）GANs 的发展与应用

GANs 的引入大大提升了图像生成的质量，并迅速成为研究热点。GANs 的变种和改进版本层出不穷，如 DCGAN、WGAN（Wasserstein GAN）和 StyleGAN 等，这些模型在生成图像的分辨率和细节上不断取得突破。DCGAN 通过在生成器和判别器中引入卷积层和去卷积层，

---

① Goodfellow I, Pouget-Abadie J, Mirza M, et al. "Generative adversarial nets." Advances in neural information processing systems, 2014 (27), accessed July 23, 2024.

提高了生成图像的质量。WGAN 通过引入 Wasserstein 距离，解决了原始 GAN 在训练过程中不稳定的问题。StyleGAN 则通过将图像生成过程中的风格和内容分离，使生成的图像更加细腻和逼真。

（3）GANs 的实际应用

①**图像生成和编辑：** GANs 可以生成高度逼真的图像，广泛应用于图像编辑、艺术创作等领域。例如，StyleGAN 可以生成逼真的人脸图像，甚至可以根据用户的输入生成特定风格的图像。

②**数据增强：** 在医学图像处理、自动驾驶等领域，GANs 可以用于数据增强，生成更多的训练数据，提高模型的鲁棒性和泛化能力。

③**视频生成：** GANs 不仅限用于静态图像的生成，还可以用于视频生成和编辑。例如，能够生成高度逼真的虚拟场景，应用于电影制作和虚拟现实等领域。

④**图像修复和超分辨率：** GANs 在图像修复和超分辨率方面也有重要应用。可以将低分辨率图像或损坏的图像修复成高分辨率和完整的图像，提高图像的质量。

随着计算能力和算法的不断提升，GANs 在图像生成领域的应用前景将更加广阔。未来，GANs 可能会在更多领域取得突破，如文本生成、音频生成等。同时，如何提高 GANs 的训练效率和生成质量，避免生成对抗网络中的模式崩溃（mode collapse）等问题，仍然是研究人员需要解决的重要课题。

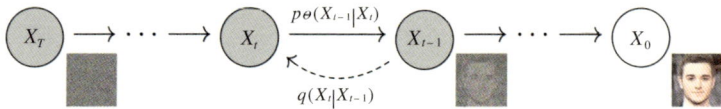

图 2-3 扩散模型的反向生成过程[1]

2.1.2 扩散模型

21世纪20年代，扩散模型（diffusion model）开始引起广泛关注。

（1）扩散模型的工作原理

扩散模型通过一个逐步添加噪声的正向过程和一个逐步去除噪声的反向过程来生成图像。正向过程从清晰的图像开始，逐步添加噪声，直到得到接近纯噪声的图像。反向过程则从纯噪声开始，逐步去除噪声，最终还原出清晰的图像（图2-3）。因为扩散模型具有特征提取能力，但是在噪声提取过程中，由CNN生成的是噪声的分布情况，而在分布情况中进行噪声采样的过程是随机的。因此，每次的生成结果具有多样性，解决了生成图像的多样性。

（2）扩散模型的发展与应用

相比于传统的生成对抗网络（GANs），扩散模型在训练过程中更为稳定，不容易出现模式崩溃等问题。此外，扩散模型生成的图像在细节和逼真度上也表现得更加出色。代表性的成果包括DDPM（Denoising Diffusion Probabilistic Models）和DALL-E等。DDPM是扩散模型中的经典代表，它通过反向扩散过程逐步去除噪声，还原出清晰的图像。DDPM在图像生成任务中表现出色，被广泛应用于各种图像生成和编辑任务。DALL-E是一种基于扩散模型的文本到图像生成模型，可以根据

[1] Ho J, Jain A, Abbeel P. "Denoising diffusion probabilistic models." Advances in neural information processing systems, 2020(33): 6840-6851.

文本描述生成高质量的图像。DALL-E 展示了扩散模型在跨模态生成任务中的巨大潜力，进一步推动了生成模型的发展。

（3）扩散模型的实际应用

①**图像生成和编辑：**扩散模型在图像生成和编辑领域表现出色，可以生成高度逼真的图像，并进行图像修复、超分辨率等任务。

②**文本到图像生成：**像 DALL-E 这样的模型，可以根据文本描述生成相应的图像，为广告、艺术创作等领域带来了新的可能性。

③**视频生成：**扩散模型不仅可以用于静态图像的生成，还可以扩展到视频生成任务，生成连续且逼真的视频内容。

④**数据增强：**扩散模型可以用于生成额外的训练数据，增强数据集的多样性，提高深度学习模型的性能。

2.1.3　带掩码的自动编码器

带掩码的自动编码器（Masked Autoencoders）严格来讲并不是一种完全的图像生成模型，而是一种图像恢复模型。将原本的图像进行随机遮挡，再使用 MAE 可以恢复出原有图像内容，MAE 的恢复过程如图 2-4 所示。但是这不失为一种未来潜在的生成模式。MAE 的优点是通过将训练集图像进行随机的遮挡，再进行原本图像的还原。这种模型的优点是无须对图像进行打标，是一种自监督学习范式，无须引入人为因素。从该模型的还原能力可以看出，模型具有强大的特征提取能力。在训练过程中，模型通过学习恢复被遮挡部分的图像，从而提取图像中

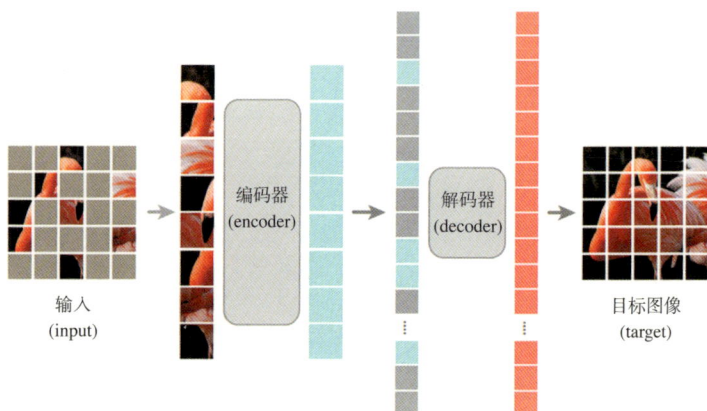

图 2-4　MAE 恢复过程[1]

的重要特征。这种自监督学习方法不仅减少了对标注数据的依赖，还提升了模型的泛化能力和鲁棒性。

（1）MAE 的优势与应用

①**无须标注数据**：MAE 通过自监督学习，无须大量标注数据，节约了数据准备的成本和时间。

②**强大的特征提取能力**：通过恢复被遮挡的图像，MAE 展示了其在图像特征提取方面的强大能力。这种能力使其在图像恢复、图像修复等任务中表现出色。

③**图像恢复**：MAE 可以用于图像恢复任务，例如，在医学图像处理中，恢复部分缺失的图像数据，提高图像的完整性和诊断精度。

④**数据增强**：通过生成多样的遮挡图像进行训练，MAE 可以用于数据增强，提高模型的鲁棒性和泛化能力。

（2）MAE 的潜在生成模式

虽然 MAE 主要用于图像恢复，但其强大的特征提取能力和自监督

---

[1] He K, Chen X, Xie S, et al. "Masked Autoencoders are Scalable Vision Learners." Proceedings of the IEEE/CVF on Computer Vision and Pattern Recognition, 2022: 16000-16009, accessed July 23, 2024.

学习范式为未来的生成模式提供了潜在的价值。未来，研究人员可以探索将 MAE 与其他生成模型结合，开发新的图像生成方法。例如，可以将 MAE 与 GANs 或扩散模型结合，利用其特征提取能力和自监督学习范式，生成更加多样化和高质量的图像。

此外，跨模态图像生成也成为一个重要研究方向。例如，OpenAI 的 CLIP 和 DALL-E 模型可以根据文本描述生成相应的图像，这种结合自然语言处理和图像生成的技术拓展了生成模型的应用场景。

多模态图像生成技术结合了自然语言处理和图像生成技术，能够根据文本描述生成相应的图像，这一技术拓展了生成模型的应用场景，带来了诸多优势和潜力。其基本原理是通过自然语言处理技术理解并编码输入的文本描述，然后使用生成模型（如 GANs 或扩散模型）根据文本编码生成对应的图像。这种技术的核心在于跨模态学习，即模型能够处理并理解来自不同模态（文本和图像）的数据，并在两者之间建立关联。

OpenAI 的 CLIP 和 DALL-E 是多模态图像生成技术应用的代表。CLIP 通过大量的图文对数据进行训练，使模型能够理解和关联文本与图像。CLIP 不仅能够理解文本描述中的细节，还能识别图像中的元素，从而在两个模态之间建立强大的联系。DALL-E 则是在 CLIP 的基础上进一步发展，能够根据文本描述生成高质量、细节丰富的图像。例如，输入一个描述"一个穿着宇航服的柯基犬"的文本，DALL-E 能够生成一张与该描述相符的图像。

多模态图像生成技术的优势在于其广泛的应用场景和灵活性。首先，它大大简化了图像生成过程，用户只需提供文本描述，无须具备绘画或

图像   遮罩   输出

Prompt: a sunlit indoor lounge area with a pool containing a flamingo
提示：阳光明媚的室内休息区，有一个水池，里面有一只火烈鸟

图2-5　通过文字对生成的图像进行修改
（图片来源：DALL-E2官方网站）

设计技能，即可生成符合预期的图像。这在艺术创作、广告设计、产品原型设计等领域具有重要意义。一方面降低了人工绘图的工作成本，另一方面大大缩减了绘图所需要的时间（图2-5）。不仅如此，它可以随时随地对生成的图片进行修改，能够快速完成人类所需要的绘画效果。其次，多模态生成技术能够提高生成内容的多样性和创新性。通过组合不同的文本描述，用户可以生成出许多独特和富有创意的图像，激发新的设计思路和创作灵感。

　　此外，多模态图像生成技术在教育、娱乐和辅助技术领域也展现出巨大的潜力。例如，在教育领域，教师可以利用该技术生成与教学内容相关的图像，帮助学生更好地理解和掌握知识。在娱乐领域，多模态生成技术可以用于游戏和影视制作，生成逼真和富有创意的场景和角色。在辅助技术方面，这种技术可以帮助视觉障碍者通过文本描述"看到"图像内容，提升他们的生活质量。

2.2　实践应用案例

2.2.1　AI写作助手

　　自古以来，技术的每一次革新都极大地推动了人类社会的进步，其中，对写作方式的影响尤为显著。从古老的楔形文字泥板到现代的计算机文字处理器，技术的演进不仅改变了我们制作书面文件的方式，更深刻地影响了我们的思维模式和表达方式。19~20世纪，随着工业革命的推进，打字机技术的出现再次引发了写作方式的革命。相较于手写的低效和不易修改，打字机极大提高了文本输入的速度和准确性。

在当今的数字时代，AI技术已经渗透我们生活的各个方面，包括写作领域。基于人工智能的写作辅助软件（DWA）已经变得越来越普及，为写作者提供了前所未有的便利和效率。这些软件不仅具有广泛的功能，如研究、语法检查、语调调整和文本规划，还能够在写作过程中提供智能化的支持和建议。

（1）写作思路辅助

HyperWrite是基于机器学习的强大人工智能，专门为提升科学写作的效率和质量而开发。HyperWrite与其他从网络上复制粘贴内容的写作辅助工具有着本质上的不同。它不依赖简单的信息整合和搬运，而是依赖复杂的自然语言处理和深度学习技术，以理解作者的写作意图和风格，从而提供更为精准和个性化的建议（图2-6）。

科学写作常常要求精确、严谨，并具有一定的创新性。HyperWrite不仅能帮助作者在烦琐的格式和语法检查上节省时间，更能通过其强大的算法，为作者提供关于内容结构、逻辑连贯性和专业术语等方面的专业建议，保证文章的质量。对于不熟悉最新技术和趋势的作者来说，创作高质量的内容可能是一项挑战。但有了HyperWrite这样的工具，即使不是技术专家，也能轻松利用人工智能、自然语言处理和云计算等先

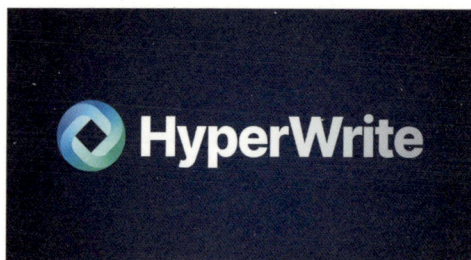

数百种强大的工具来改变你的工作

✏️ **灵活的自动书写**
我们最受欢迎的工具。使用 AI 帮助您编写或创作任何东西！

📄 **摘要器**
总结任何文本或文章的要点和关键信息。

🧑 **像我 5 岁一样解释**
把一个复杂的话题简化，使其更容易理解。

✏️ **重写内容**
以不同的方式重写内容，同时保持相同的含义。

📧 **电子邮件回复器**
根据电子邮件和简短的回复，使用人工智能生成一份写得很好的回复。

🔮 **魔法编辑器**
编辑文档或消息以改善其清晰度、语气和风格。

🖊️ **人工智能演讲撰稿人**
使用大纲或描述、主题以及来源引述来生成演讲。

💻 **人工智能作家**
使用人工智能撰写任何主题、任何格式的原创内容。

🎓 **学者人工智能**
查找同行评审的文章来满足研究要求和写作任务。

图 2-6　HyperWrite 界面
（图片来源：HyperWrite 官方网站）

进技术来优化写作流程，从而创作出既独特又有影响力的内容。

　　随着技术的不断发展，HyperWrite 也在持续更新和优化其算法和功能。它能够快速吸收和利用最新的科技成果，始终保持其技术的先进性和前瞻性。这也意味着，通过使用 HyperWrite，作者能够时刻紧跟科技前沿，为读者提供最新、最有价值的内容，大大提高了写作的效率和质量。

（2）引用和管理参考文献整理

　　在学术研究领域，参考文献的管理是一项至关重要的工作。为了有效组织、查找和分享参考资料，研究人员通常借助专业的参考管理软件。其中，Mendeley 和 Zotero 是两款备受推崇的参考管理软件，它们各自具有独特的功能和优势（图 2-7）。

　　Mendeley 是一款由 Elsevier 开发的参考管理软件，旨在帮助研究人员高效地管理参考资料。这款软件不仅支持文献的收集、整理、搜

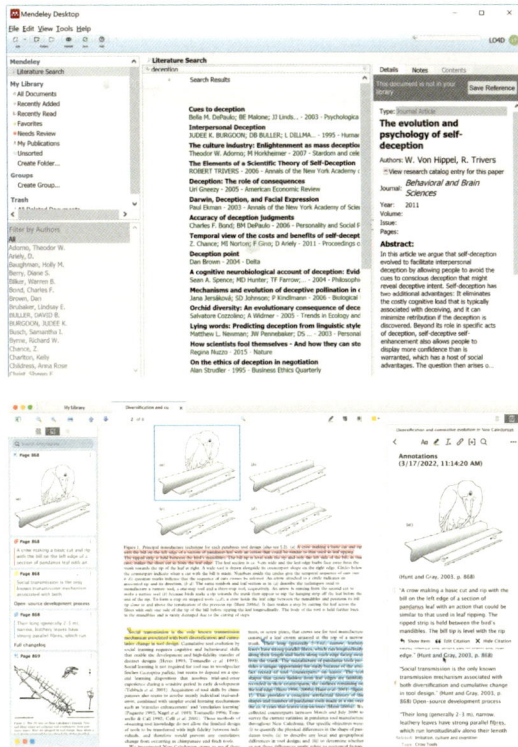

图 2-7　Mendeley 和 Zotero 界面展示
（图片来源：lo4d 软件工具箱）

索和引用，还具备强大的社交功能。通过 Mendeley，用户可以轻松地将自己的研究资料与全球的研究者共享，促进学术交流与合作。此外，Mendeley 还具备文献分析功能，可以帮助用户了解研究领域的发展动态和趋势。

　　Zotero 是另一款功能强大的参考管理软件，由 Mozilla 基金会开发。这款软件注重为用户提供便捷的文献管理体验。虽然 Zotero 在管理引用的方式上可能没有 Mendeley 那么直观和简单，但它同样具备强大的功能和易用性。Zotero 支持多种文献格式的导入和导出，包括 BibTeX、EndNote 等。此外，用户还可以自定义引文样式，以满足不同学术期刊和出版社的要求。Zotero 还提供了丰富的插件和扩展功能，如文献自动同步、网页捕获等，以满足用户的不同需求。

2.2.2 AI 设计助手

随着 AIGC 技术的快速发展，产品设计领域正迎来一场全新的变革。AIGC 技术的出现，为产品设计带来了全新的视角和方法，逐渐形成了融合发展的势态。在设计领域，这一技术的应用使设计师能够更快速、更准确地完成创作。

（1）AI 绘画辅助

AI 绘画软件可以根据设计师的指令，自动生成符合要求的图像；设计稿生成工具则能迅速构建出多种设计方案供设计师选择；素材处理和自动修图软件大大节省了设计师在处理图像细节上的时间和精力。

Midjourney 是目前备受瞩目的 AI 绘画产品，它凭借庞大的资源库和高效的创作能力，成为设计领域的一颗新星。Midjourney 的资源库中包含了各行各业的丰富素材和工具，只需简单的文字描述，就能迅速生成界面设计、App 设计、产品创意设计、建筑效果图、风格插画、商业摄影图等多种类型的作品，且图片质量极高，几乎可以媲美真实作品。

①**电商广告：**Midjourney 支持以图生图功能，用户只需将产品图片上传，AI 就能根据产品的特性和用户的需求，自动生成不同场景下的广告设计图。每一个生成的素材都是独一无二的，因此无须担心版权问题，为用户节省了大量寻找和购买素材的时间和成本。

图 2-8　Midjourney 生成的 logo 设计展示

　　② **logo 设计：** 用户只需提供文字描述或参考样式，Midjourney 就能迅速生成符合要求的 logo 图标（图 2-8）。这一功能极大地简化了 logo 设计的流程，使用户能够轻松且快速地完成各种视觉探索和设计需求。

　　③ **原画／插画：** Midjourney 可以胜任各种风格和类型的原画和插画绘制工作。用户可以选择生成任意的风格，如日系、欧美、古风等，也可以绘制设计中所需的各类元素，如角色、场景、道具等。这使得 Midjourney 成为原画师和插画师的得力助手，大大提高了他们的创作效率和作品质量。

　　④ **包装设计：** 用户只需输入对应的指令，如产品类型、设计风格、色彩要求等，Midjourney 就能快速生成高质量的包装设计和效果图（图 2-9）。这不仅简化了设计流程，提高了效率，还为用户节省了大量的时间成本。同时，由于 Midjourney 生成的设计作品质量极高，因此可以直接用于生产，无须进行额外的修改和调整。

　　（2）设计方案优化

　　AIGC 不仅可作为创意辅助工具，为设计师提供新的灵感来源，还可以通过深入分析庞大的设计数据和趋势变化，快速生成创新设计元素，

图 2-9　Midjourney 生成的包装设计展示

高效地形成设计方案。

　　2023 年，海尔创新设计中心（下文简称海尔设计）在工业设计领域迈出了重要一步，与亚马逊云科技和 Nolibox（计算美学）达成合作，共同推出了一款领先的 AIGC 产品。Nolibox 针对海尔设计的具体需求，量身定制了一套 AIGC 工业设计解决方案。该方案集成了多个核心组件，包括符合海尔品牌调性的设计品类绘画大模型、创新的"AIGC 无限画板"工具、在线 AI 绘画大模型的训练和管理功能，以及根据用户需求动态调整的弹性算力架构。这一系统不仅支持在线模型训练，还提供了从设计概念生成、设计融合智能辅助，到概念聚焦和精细化智能调整等一系列功能，为海尔设计团队在创意阶段提供了强有力的支持。

　　该解决方案的背后是亚马逊云科技强大的基础设施支持。通过应用 Amazon SageMaker 机器学习平台，以"Fine-tune as a Service"（调优即服务）的方式，解决方案实现了对 AI 绘画大模型的在线训练和管理。这一平台为海尔设计在消费品、游戏等场景中的创意辅助、内容生产辅助和创作支持提供了坚实的基础（图 2-10）。

2.2.3　AI 辅助电影制作

　　2024 年的电影界，一部由 AI 操刀的长篇电影 *Our T2 Remake* 引

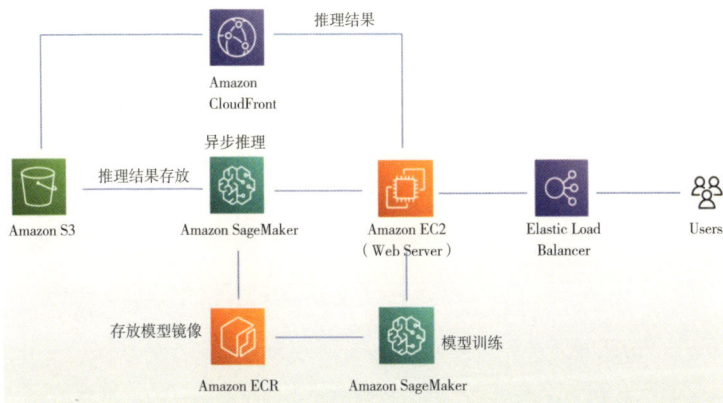

图 2-10　海尔设计基于亚马逊云科技的系统架构示意图
（图片来源：AWS 云计算）

发了广泛的关注和讨论。这部全长近 90 分钟的影片，由 50 位 AIGC 创作者共同完成，展示了 AI 在影视内容生产领域的最新成果（图 2-11）。

Our T2 Remake 在演员表演、场景设计、特效制作等多个方面均采用了 AI 技术。这些 AI 演员通过深度学习和大数据分析，成功地模仿了原版演员的表演风格，使角色更加生动立体。影片

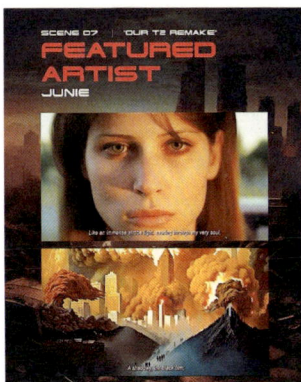

图 2-11　电影 *Our T2 Remake* 宣传海报

不使用原电影中的任何镜头、对话或音乐，确保所有内容均为原创。这体现了 AI 在内容创作上的独立性和创新能力。尽管电影的制作团队规模相对较小，仅由 50 位来自人工智能领域的顶尖艺术家组成，但 AI 技术的应用使得制作流程更加高效，从前期筹备到后期制作都大大提高了效率，并降低了成本。

影片利用 AI 技术塑造的场景和特效被评价为"逼真到无以复加"。未来科幻的环境设定和机器人之间的战斗场景都给观众带来了强烈的视觉冲击。AI 技术还根据观众的口味对剧情进行了微调，使故事更加引人入胜。这种智能化的内容调整反映了 AI 在理解观众需求和提升内容质量方面的潜力。

美国在线娱乐新闻媒体 IndieWire 认为这部电影"从艺术创新的角度来看是开创性的"，但并未将其视为一部"好电影"。这种评价体现了 AI 电影在艺术表现上的创新性，也指出了其与传统电影在情感表达和故事叙述上可能存在的差距。首映后，观众给出的反馈基本并未谈及电影本身质量，这可能反映了观众对于 AI 电影的接受度和期待值还有待提升。

2.2.4 AI 助力元宇宙产业

元宇宙被广泛认为是塑造未来数智化场景的产业，拥有广泛的市场潜力，《中国元宇宙发展报告（2023）》显示[1]，韩国一直在投资元宇宙的开发，政府承诺到 2025 年投资 4.5 亿美元，为电子竞技、虚拟音乐会和其他文化活动创建虚拟空间。美国 Meta 科技公司表示，希望创建一个人人都可以访问的"元宇宙"，并为此拨款 100 亿美元。日本已经启动了一个名为"Metaverse Initiatives"的项目来开发元宇宙的基

---

[1] 丁刚毅：《中国元宇宙发展报告（2023）》，社会科学文献出版社，2023年，第22页。

图 2-12　首钢一高炉·SoReal 元宇宙乐园
（图片来源：当红齐天集团官方网站）

础设施和标准。我国政府将数字中国和数字经济结合起来作为未来国家发展的目标，目前已率先在旅游、展览、乐园等领域得到应用。

首钢一高炉·SoReal 元宇宙乐园是由当红齐天集团和首钢集团共同打造的国际文化科技乐园（图 2-12）。该项目位于北京市石景山区首钢园，利用 5G 和扩展现实（XR）科技赋予百年历史文化遗址新生，建筑面积预计 2.2 万平方米。

项目包含虚拟现实博物馆、科技秀、沉浸式剧场、VR 电竞、XR 智能体育、奥运项目体验中心、未来光影互动餐厅和全息光影互动酒吧等新消费、新业态，为市民游客提供沉浸体验潮流科幻产品，探索建设线下"元宇宙"入口，构建线上虚拟和线下实体深度融合的消费全场景。

项目建成后将打造为面向全国的元宇宙沉浸式科幻互动线下入口、全球首个 XR 与百年工业遗存结合的国际文化科技乐园。

2.2.5　AI 助力艺术创作

近年来，人工智能在艺术领域的发展引人注目，多次在大赛中荣获佳绩，不仅证明了其创作能力，还为传统艺术形式带来了新的可能性和创新。

图 2-13 《青春记忆》平安科技
（图片来源：GAAC 官网）

在 2019 年 2 月深圳举办的"全球 AI 艺术大赛"上，一等奖作品《青春记忆》完全由人工智能创作（图 2-13）。这款音乐创作模型学习了超过 15 万首歌曲和诗歌，通过训练 5 万首特定风格的流行乐作品数据，运用多层序列模型和高维度音乐特征提取方法，同步优化曲式、和声、配器等音乐要素，使乐曲具有青春昂扬的风格，并保持原创性和辨识度。深度学习和自然语言处理技术，成功生成了这首充满青春气息的音乐作品。

2020 年 5 月，来自澳大利亚的 AI 创作团队的作品《美丽的世界》在荷兰广播公司举办的"AI 欧洲歌唱大赛"中摘得桂冠。这款模型基于 GPT2 进行训练，学习了超过 200 个欧洲歌唱大赛的音乐数据集。通过大量的数据学习和模型优化，该作品在旋律、和声和歌词方面都达到了很高的水平，成功征服了评委和观众。

2022 年 8 月，AI 画作《太空歌剧院》（*Thé âtre D'opéra Spatial*）在美国一个艺术博览会上荣获数字艺术类别冠军（图 2-14）。《太空歌剧院》是一幅令人叹为观止的艺术作品，其创作者并非传统意义上的艺术家，而是一位 39 岁的游戏公司老板利用人工智能绘画工具，特别是 GAN 算法，模拟和学习艺术家的风格与技巧，并对生成的图像进行细致的微调，最终创作出了这幅充满未来感和超现实主义元素的画作。

图 2-14　《太空歌剧院》——Midjourney 生成

作品中充满了复杂的几何形状、细腻的光影效果和精细的纹理，整个画面呈现出一个巨大的太空舱内的剧院。作者巧妙地将这个超脱现实的场景与太空科幻元素结合，为观众呈现了一个既神秘又令人惊叹的宇宙空间。

这些案例不仅展示了人工智能在艺术领域的卓越表现，也引发了我们的思考：人工智能是否能够完全替代人类艺术家？虽然人工智能在创作过程中表现出了强大的能力和创新性，但人类的情感、审美和创造力仍然是其无法替代的。因此，未来的艺术领域可能会呈现出人机共生的新局面，人工智能与人类艺术家共同创造更加丰富多彩的艺术作品。

2.3　挑战与前景

随着技术的不断进步和应用场景的不断拓展，数字内容智能创作市场潜力巨大。预计未来几年内，该市场将保持高速增长态势。同时，数字内容智能创作也将对整个数字内容产业格局产生深远影响。一方面，它将改变内容创作的传统方式，提高内容生产的效率和质量；另一方面，它将推动数字内容产业的创新和发展，为整个产业带来新的增长点。下面将从技术算法、应用领域、社会伦理等方面分析其挑战与应用前景。

2.3.1 技术算法

（1）更优的图像质量与细节

未来的 AI 生成模型将进一步优化生成图像的质量和细节。通过结合更多先进的深度学习技术，如改进的 GANs、扩散模型和 MAE 等，生成图像的分辨率和逼真度将达到新的高度。细腻的纹理、自然的光影效果和更逼真的场景将成为可能，使生成图像几乎难以与真实照片区分。

（2）跨模态生成

跨模态生成是未来 AI 图像生成的重要方向之一。模型将能够从不同类型的输入数据（如文本、音频、视频）生成相应图像。如从文本描述生成图像（如 DALL-E），从音频生成图像，或从视频生成静态图像。这样的跨模态能力将大大扩展 AI 生成图像的应用场景，满足多样化的需求。

（3）实时图像生成

随着硬件性能的提升和算法的优化，实时图像生成将成为现实。这将使 AI 生成图像在视频游戏、VR、AR 等领域得到广泛应用，提供更加沉浸式的体验。用户可以实时创建和修改虚拟环境中的图像内容，从而实现更高的互动性和个性化。

2.3.2 应用领域

（1）自动化设计与创作

AI 生成图像技术将成为设计师和艺术家的得力助手。通过 AI 生成模型，用户可以快速生成大量的设计草图、概念图和艺术作品，极大提高创作效率。AI 不仅可以帮助完成重复性任务，还能提供灵感和创意，使设计师和艺术家专注于更具创造性的工作。

（2）个性化内容生成

未来的 AI 生成模型将更加注重个性化，能够根据用户的偏好和需求生成特定风格和主题的图像。无论是社交媒体头像、虚拟世界的角色形象，还是定制化的广告创意，AI 将为每个用户提供独一无二的图像内容。

（3）在医疗和科学领域的应用

AI 生成图像在医疗和科学领域也有广阔的应用前景。它可以用于生成高分辨率的医学图像，帮助医生进行诊断和治疗；也可以用于科学可视化，将复杂的数据和理论转化为直观的图像，促进科研工作的发展。

2.3.3　信息伦理

随着 AI 生成图像技术的不断进步，道德和法律问题也将成为关注的焦点。如何防止虚假图像的滥用，如何保护版权和隐私，以及如何制定相关的法律法规，都是未来需要解决的重要问题。建立负责任的 AI 生成图像体系，确保技术的安全和公平使用，将是未来发展的关键。

参考文献

[1]　Goodfellow I, Pouget-Abadie J, Mirza M, et al. Generative Adversarial Networks[J/OL]. Communications of the ACM, 2020, 63(11): 139-144.

[2]   Radford A, Kim J W, Hallacy C, et al. Learning Transferable Visual
      Models from Natural Language Supervision[C/OL]//International
      Conference on Machine Learning. PMLR, 2021: 8748-8763[2024-07-
      23]. http://proceedings.mlr.press/v139/radford21a.

[3]   Ho J, Jain A, Abbeel P. Denoising Diffusion Probabilistic Models[J].
      Advances in Neural Information Processing Systems, 2020, 33: 6840-6851.

[4]   Goodfellow I, Pouget-Abadie J, Mirza M, et al. Generative Adversarial
      Nets[J/OL]. Advances in Neural Information Processing Systems,
      2014, 27[2024-07-23]. https://proceedings.neurips.cc/paper/5423-
      generative-adversarial-nets.

[5]   He K, Chen X, Xie S, et al. Masked Autoencoders are Scalable Vision
      Learners[C/OL]//Proceedings of the IEEE/CVF Conference on Computer
      Vision and Pattern Recognition. 2022: 16000-16009[2024-07-23].
      https://openaccess.thecvf.com/content/CVPR2022/html/He_Masked_
      Autoencoders_Are_Scalable_Vision_Learners_CVPR_2022_paper.

[6]   Olson D R. What Writing Does to the Mind[M].Language, Literacy, and
      Cognitive Development. Portland :Psychology Press, 2002: 171-184.

[7]   Pea R D, Kurland D M. Chapter 7: Cognitive Technologies for
      Writing[J/OL]. Review of Research in Education, 1987, 14(1): 277-
      326. DOI:10.3102/0091732X014001277.

[8]   Flower L, Hayes J R. A Cognitive Process Theory of Writing[J/OL].
      College Composition & Communication, 1981, 32(4): 365-387.
      DOI:10.58680/ccc198115885.

[9]   Hayes J R, Flower L S. Writing Research and the Writer.[J]. American
      Psychologist, 1986, 41(10): 1106.

[10] Collins A, Brown J S. The Computer as a Tool for Learning Through Reflection[M/OL]//Mandl H, Lesgold A. Learning Issues for Intelligent Tutoring Systems. New York: Springer US, 1988: 1-18[2024-07-23]. http://link.springer.com/10.1007/978-1-4684-6350-7_1. DOI:10.1007/978-1-4684-6350-7_1.

[11] Frase L T. Human Factors and Behavioral Science: The UNIX[TM] Writer's Workbench Software: Philosophy[J]. The Bell System Technical Journal, 1983, 62(6): 1883-1890.

[12] Macdonald N H. Human Factors and Behavioral Science: The UNIX[TM] Writer's Workbench Software: Rationale And Design[J/OL]. Bell System Technical Journal, 1983, 62(6): 1891-1908. DOI:10.1002/j.1538-7305.1983.tb03520.x.

[13] Haustein S, Peters I, Bar-Ilan J, et al. Coverage and Adoption of Altmetrics Sources in the Bibliometric Community[J/OL]. Scientometrics, 2014, 101(2): 1145-1163. DOI:10.1007/s11192-013-1221-3.

[14] Kim T. Building Student Proficiency with Scientific Literature Using the Zotero Reference Manager Platform[J/OL]. Biochemistry and Molecular Biology Education, 2011, 39(6): 412-415. DOI:10.1002/bmb.20551.

[15] 丁刚毅，朱烨东. 中国元宇宙发展报告（2022）[M]. 北京：社会科学文献出版社，2022.

3

文化装备数字智能

文化装备数字智能是指在"智能+"时代背景下，文化装备制造业通过深度融合信息技术和传统文化元素，实现智能化、数字化的转型升级。这一过程不仅涉及技术层面的创新，还包括对文化产业内部结构的调整和优化，以及对外文化贸易水平的提升。

从技术层面来看，文化装备数字智能依赖于大数据、AI、云计算等新一代信息技术的应用。这些技术能够帮助文化装备制造业提高生产效率，优化产品设计，增强用户体验。例如，人工智能技术可以在文化创意产品的设计和开发中发挥重要作用，通过分析大量的数据和信息，快速实现设计创新和过程简化。

文化与科技的深度融合是推动文化装备数字智能发展的关键。这种融合不仅能够提升文化科技创新能力，还能够促进文化科技成果的社会应用转化，实现文化强国的目标。此外，智能化运作逻辑要求文化与科技的融合必须遵循客观性原则，契合文化与科技发展的价值定位，从而凸显其意义。

面对"智能+"时代的挑战，现代文化产业体系需要进行结构性的调整和优化。这包括供给侧结构改革，实现文化要素的智能互联互通，充分释放消费数据的价值，满足个性化需求。同时，还需要深化智能化技术与文化产业的交融，构建现代文化产业体系，以适应全球价值链的高生态位跃迁。

政策支持也是推动文化装备数字智能发展的重要因素。政府应加强宏观调控，形成跨部门议事协调机制，强化政策保障支持，加强智库建设与人才培养，为文化与科技深度融合提供全方位的保障和支持。

文化装备数字智能的发展是一个复杂的过程，涉及技术创新、产业融合、政策支持等多个方面。通过不断推进这些方面的深入发展，可以有效促进文化装备制造业的结构优化和创新升级，实现文化产业的高质量发展。

3.1 关键技术与理论基础

3.1.1 关键技术

文化装备数字智能是指将人工智能与大数据分析、云计算、增强现实与虚拟现实技术、人机交互技术、物联网与智能感知、机器人与自动化和 3D 打印技术与文化装备深度融合，以提升文化体验、增强文化传播能力并促进文化创新的关键技术。

下文描述了这些关键技术是如何推动文化装备数字智能发展的。

（1）人工智能与大数据分析

①**个性化推荐系统**：个性化推荐系统在文化装备中的应用主要体现在图书馆、博物馆等文化机构中，基本原理是基于用户行为、偏好分析，提供个性化文化内容推荐。例如，法国国家图书馆开发了一个人工智能驱动的个性化内容推荐系统，旨在根据用户的需求和偏好为其提供最适合的物品。该系统通过收集用户数据（包括内容相关数据和用户行为数据）并使用机器学习方法来确定最合适的推荐。这种系统不仅能够提高用户的满意度，还能有效解决信息过载的问题。

②**智能内容生成：**也叫 AI 生成内容，即 AIGC 技术，其在文化装备中的应用非常广泛，涵盖了文本、音频、图像和视频的生成，从数字文化创意到文化遗产保护，再到智能化教育和广告传媒等多个领域，都展现了其强大的功能和广阔的应用前景。

③**趋势预测与资源优化：**通过大数据分析，优化资源配置，预测旅游流量，改善管理效率。例如，利用深度学习和智能仿真循环分析修订模型指标，实现对文化要素价值的精准评估。

（2）人机交互技术

文化装备数字智能中的人机交互技术，聚焦于如何通过智能化手段增强人类与文化内容、展品或艺术作品之间的互动体验。这一领域综合了最新的感知、认知科学和信息技术成果，旨在创造出更加直观、自然且富有意义的交流方式。

①**情感计算与适应性响应：**通过分析用户的语言、表情、声音特征等非言语线索，文化装备能够感知并响应用户的情感状态，提供个性化的体验。例如，若系统识别到用户对某件艺术品展现出浓厚兴趣，可能会自动提供更多背景故事或深度解读。

②**增强现实与虚拟现实交互：**AR 和 VR 技术让用户能够在虚拟或增强的环境中与文化遗产互动，如"穿越"到历史事件现场、触摸复原的文物等，为学习和探索提供沉浸式的新维度。这类交互方式极大地扩展了文化体验的深度和广度。

③**触觉与感官反馈：**通过触觉服装、震动反馈设备等技术，用户不仅能看、能听，还能"感受"文化内容，如模拟触摸古代织物的质地，

增强体验的真实感和参与度。这种多感官交互提高了用户对文化体验的记忆留存和情感共鸣。

④**智能导览与个性化推荐：**基于用户行为分析和机器学习算法，文化装备能够提供定制化导览路径和内容推荐，使每个人都能根据自己的兴趣和学习节奏探索文化。这种个性化服务有助于提高用户满意度，加深文化理解。

综上所述，文化装备数字智能中的人机交互技术通过融合自然交互方式、情感智能、沉浸式技术和个性化服务，不仅为公众打开了通往文化世界的新窗口，也促进了文化知识的传播与创新，让文化遗产的保护与传承变得更加生动和有效。

（3）物联网（IoT）与智能感知

文化装备数字智能中的物联网与智能感知技术，是将物联网的广泛连接特性和智能感知能力融入文化领域，以实现文化遗产的智能化管理和文化体验的创新升级。

①**环境监测与保护：**物联网传感器被部署在文化遗产现场，如博物馆、古迹和艺术品存放处，实时监测环境参数（如温湿度、光照、污染程度等），确保将文化遗产保存在最适宜的条件下。智能感知系统能够自动调节环境控制设备，预防潜在的损害风险，延长文物寿命。

②**观众互动体验：**结合射频识别技术（RFID）、二维码、蓝牙信标等技术，物联网系统能够提供个性化的导览服务，让参观者通过智能手机或穿戴设备获得即时信息推送、多媒体解说和互动游戏体验。智能感知技术还能根据观众的行为和反馈，动态调整展示内容，创造更加沉浸

式的文化探索旅程。

③**安全管理与客流控制：**物联网技术通过视频监控、人脸识别和人群密度分析等手段，强化文化场所的安全管理，及时发现并预警安全隐患。智能感知系统还能优化客流管理，自动调节参观路线、开放时段，避免过度拥挤，保障游客安全和参观质量。

④**资源管理和效率提升：**在文化机构的日常运营中，物联网技术可以实现物资库存、设备维护和能源消耗的智能管理，提高工作效率。智能感知系统自动监测设施状态，预测维护需求，减少资源浪费，同时，通过数据分析优化资源配置，支持文化活动的高效组织。

⑤**文化遗产的数字化与远程访问：**物联网与智能感知技术结合 3D 扫描、虚拟现实等技术，实现文化遗产的高精度数字化，使全球观众即便身处远方也能通过互联网体验到身临其境的文化之旅。这不仅拓宽了文化传播的边界，也为文化遗产的记录、研究和教育提供了新的平台。

综上所述，物联网与智能感知技术在文化装备数字智能中的应用，不仅提升了文化遗产保护的科学性和精确度，还极大地丰富了文化体验的形式与深度，推动了文化的普及与传承进入一个全新的智能化时代。

（4）机器人与自动化

机器人与自动化技术是将先进的机器人技术、自动化系统和人工智能深度融合，应用于文化领域的一种创新实践。这项技术旨在保护文化遗产、丰富文化表达形式，并提升公众的文化参与度与体验质量。具体技术要点可概括为如下几点。

①**精密操作与修复技术：** 在文物保护和修复领域，机器人凭借其高精度操控能力，能够执行细微且敏感的任务，如去除文物表面的污垢、进行精细修复等，减少了人为操作可能带来的风险。自动化技术则确保这些操作的稳定性和一致性，结合机器视觉和力反馈系统，实现对文物无损的精细处理。

②**自动化展览与演出系统：** 在博物馆、艺术馆等文化场所，自动化技术用于创建动态和互动的展览布局，能够根据预设脚本或观众反馈自动调整展品展示、灯光、音效等，提供沉浸式体验。同时，机器人被设计成表演者，参与戏剧、舞蹈等艺术演出，增强表演的多样性和技术感。

③**智能导览与教育机器人：** 结合自然语言处理和机器学习，智能导览机器人能够为游客提供个性化讲解服务、回答问题，甚至根据游客的兴趣和反馈调整讲解内容。在教育领域，机器人成为教学辅助工具，通过互动游戏、情景模拟等方式传授文化知识，激发学习兴趣。

④**数字化与虚拟现实技术：** 机器人与自动化技术结合 3D 扫描、建模和 VR、AR 技术，对文化遗产进行数字化记录与复原，让观众能够在虚拟环境中近距离接触和探索历史遗址、艺术品，实现跨越时空的文化体验。

⑤**数据分析与个性化推荐：** 自动化数据收集与分析能力使文化机构能够深入了解观众行为和偏好，进而通过智能算法提供个性化的内容推荐和服务。这不仅增强了用户体验，也为文化内容的创作和分发提供了数据支持。

总之，文化装备数字智能中的机器人与自动化技术，通过科技的力量，

为传统文化的保护与传播开辟了新途径，同时也为文化产业的创新发展
注入了新的活力。这些技术的应用，既保留了文化的精髓，又使之更加
贴近现代生活，促进了文化的传承与创新。

3.1.2　理论基础

深入探究上述技术背后的原理后不难发现，它们各自植根于一系列
深刻的理论与数学基础之中，这些理论不仅是现代科技的基石，也是通
往未来智能时代的关键线索。例如，MR 的实现依托于计算机图形学、
人机交互和感知心理学的综合应用，手势与运动控制技术深深嵌入了模
式识别、机器学习和生物力学的研究成果，而运动规划则直接关联到最
优控制理论、图论和人工智能搜索算法的核心思想。

（1）计算机视觉

计算机视觉是一门让计算机理解和解释视觉信息的科学，涉及从图
像和视频中提取有用信息以进行分析、识别和决策。其理论基础主要包
括图像处理、特征提取、目标检测与识别、三维重建等多个方面。

图像处理是计算机视觉的基础，涉及对图像进行预处理和增强，包
括去噪、边缘检测、颜色校正等。这些技术可以提高图像的质量，使后
续的分析更为准确。

特征提取涉及从图像中提取重要信息，如点特征、边缘特征和纹理特征。
通过分析这些特征，可以实现物体的识别和分类。经典的特征提取方法包
括尺度不变特征变换（SIFT，Scale-Invariant Feature Transform）、

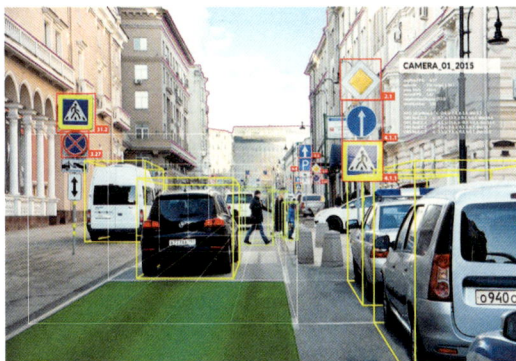

图 3-1　计算机视觉中的目标检测任务

加速稳健特征（SURF，Speeded Up Robust Features）和方向梯度直方图（HOG，Histogram of Oriented Gradients）等。

目标检测与识别是计算机视觉的核心任务之一，旨在识别图像或视频中的物体和场景，并进行分类和定位（图 3-1）。深度学习，特别是 CNN 的应用，大大提高了目标检测与识别的准确性和效率。

三维重建涉及从二维图像中重建三维场景。通过立体视觉技术和深度学习模型，可以从多视角图像中提取深度信息，生成三维模型。该技术广泛应用于自动驾驶、机器人导航和虚拟现实等领域。

这些理论基础共同支撑了计算机视觉的各种应用，从人脸识别到自动驾驶，推动了该领域的快速发展。

（2）计算机图形学与三维建模

计算机图形学是一门研究如何生成、操作和表示视觉内容的科学。其理论基础主要涵盖几何建模（图 3-2）、渲染技术、动画生成和图形处理等多个方面。

①**几何建模：**是计算机图形学的核心，它涉及构建三维对象的数学表示。几何建模方法包括多边形建模、曲面建模和体素建模，帮助创建复杂的三维形状和结构。这些方法为图形的进一步处理和渲染提供了基础。

图 3-2　几何建模

②**渲染技术：**是将三维模型转换为二维图像的关键过程。常见的渲染方法有光线追踪和光栅化。光线追踪模拟光线在场景中的传播路径，生成高质量的图像；光栅化则通过像素填充实现快速渲染。渲染技术决定了最终图像的视觉效果。

③**动画生成：**涉及通过关键帧插值、骨骼动画和物理仿真等方法创建物体或角色的运动。动画生成使静态的三维模型可以表现出动态的行为，广泛应用于电影特效、视频游戏和虚拟现实等领域。

④**图形处理：**包括对图形数据进行处理和优化，如纹理映射、阴影计算和反射模型等。纹理映射在三维模型表面添加图像，增加细节和真实感；阴影计算和反射模型则用于模拟光照效果，使图像更加逼真。

这些理论基础共同支撑了计算机图形学的各类应用，从静态图像生成到复杂的动态场景渲染，推动了视觉效果的不断进步和创新。

（3）自然语言处理

NLP 作为人工智能的关键领域，致力于让计算机能够理解、生成和操作人类的自然语言。图 3-3 展示了根据 TF-IDF 权重得到的词云。NLP 的理论基础广泛而深厚，涵盖多个学科的核心概念和技术，主要包括以下几个方面。

①**语言学与形式语言理论：**NLP 建立在对人类语言结构深入理解的

图3-3 词云

基础上，涉及语法学、词汇学、语义学和语用学等领域。形式语言理论帮助定义语言的规则结构，如上下文无关文法（CFG）、有限状态机等，为自然语言的句法分析和语义解析提供理论支撑。

②**信息检索与文本挖掘：**信息检索技术，如 TF-IDF、倒排索引，以及文本挖掘方法，如主题建模、文档摘要，为处理大量文本数据和提取有价值信息提供了方法论。

③**知识表示与推理：**将自然语言转化为机器可理解的形式，涉及知识图谱、逻辑表示（如命题逻辑、一阶逻辑）和语义网等，使计算机能够进行基于知识的推理和问答。

④**自然语言生成：**结合语言模型和序列生成技术，NLP 也关注如何自动生成连贯、有逻辑的文本，应用于报告生成、对话系统等场景。

（4）文语转换

文语转换（TTS）是将文本信息转换成可听语音的技术（图3-4），

图3-4 文语转换（TTS）

其理论基础包含以下几个核心方面。

源一滤波器模型是语音合成中的一个基本概念，模仿人类发声过程。模型中，"源"产生基本的声音激励信号，类似于声带的振动；"滤波器"则代表声道，它塑造激励信号形成特定的音色和音质。这一模型有助于生成自然且具有表现力的合成语音。

①**声学参数建模**：通过分析真实语音的数据，提取如基频（决定音高）、谱包络（影响音色和响度）等声学参数，并建立这些参数与文本内容之间的映射关系。现代语音合成技术常利用统计模型或深度学习模型来学习这种映射，从而将文本转换为对应的声学参数。

②**参数合成与波形生成**：基于上述声学参数，参数合成技术通过声码器等算法将参数转换为实际的音频波形。这包括传统的信号处理方法（如 LPC 合成、PSOLA）和基于深度学习的波形生成技术（如 WaveNet、Parallel WaveGAN），后者能生成更自然、高保真的语音。

③**文本分析与前端处理**：在将文本转换为语音前，需要进行文本分析，包括分词、词性标注、韵律建模等，以确定句子的发音、重音、停顿等，这对于生成流畅自然的语音至关重要。

④**深度学习与端到端模型**：随着深度学习技术的发展，端到端的语音合成系统成为研究热点。这类模型直接从文本输入预测输出语音波形，绕过了传统方法中复杂的模块划分，简化了系统结构并提高了合成质量。

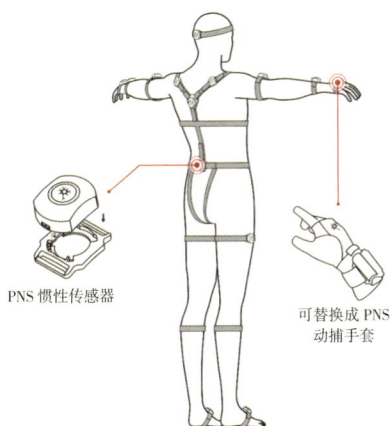

図 3-5 Perception Neuron 动作捕捉系统[1]

（图片来源：NOITOM 诺亦腾官方网站）

代表性技术如 Tacotron、Transformer-TTS 等，它们通过学习大规模数据集上的直接映射关系，实现更为高效和高质量的语音合成。

综上所述，语音合成的理论基础融合了语音学、信号处理、统计建模、深度学习等多个领域的知识，不断推动着合成技术向更加自然、个性化和灵活的方向发展。

（5）传感器技术与追踪系统

传感器技术与追踪系统（图 3-5）是现代信息技术中的重要组成部分，它们在自动化、监控、导航、虚拟现实等多个领域发挥着关键作用。以下是其理论基础的几段总结。

①**传感器基础理论：**传感器是能够感知特定被测量（如温度、压力、光线、速度等）并将其转换为可用输出信号（通常是电信号）的设备。其工作原理基于物理、化学或生物效应，如光电效应、压阻效应、热电偶效应等。传感器的性能指标包括灵敏度、分辨率、精度、响应时间和稳定性等。

---

① 如图3-5所示，每一只PNS动捕手套均内置6枚高精度惯性传感器，分别置于手部关键点，传感器可精确捕捉完整手部动作。

②**信号转换与处理：**传感器输出的原始信号往往需要经过信号调理电路的放大、滤波等预处理，以便于后续的精确测量和分析。信号处理环节可能还包括模数转换（ADC），将模拟信号转变为数字信号，便于计算机处理。

③**测量系统与误差分析：**一个完整的测量系统通常包括传感器、信号调理、数据采集、显示或控制单元。测量误差源于多个方面，如传感器本身的非理想特性（偏置、漂移、非线性等）、环境因素干扰和系统设计的局限性。误差分析旨在识别和量化这些误差源，通过校准、补偿等手段减小其影响。

④**追踪系统原理：**追踪系统利用传感器技术连续监测目标的位置和/或运动状态。这可能涉及单一传感器或多传感器融合技术，如GPS、惯性导航系统（INS）、视觉传感器（摄像头）、雷达和激光雷达（LiDAR）。多传感器融合通过结合不同传感器的优势，提高定位精度、稳定性和鲁棒性。

⑤**动态系统建模与控制：**在某些应用中，追踪系统还需要与控制系统结合，以实现对移动目标的主动控制或跟随。这涉及动态系统的数学建模，使用如卡尔曼滤波器等估计算法来预测目标状态，并基于控制理论设计控制策略，确保系统的稳定性和响应性。随着人工智能、深度学习、计算机视觉等技术的发展，追踪系统日益智能化。例如，通过视觉传感器和先进的图像处理算法，可以实现对复杂场景中目标的高精度、实时追踪。此外，诸如SLAM（即时定位与地图构建）技术，让机器人或无人系统能在未知环境中自我定位同时构建环境地图。

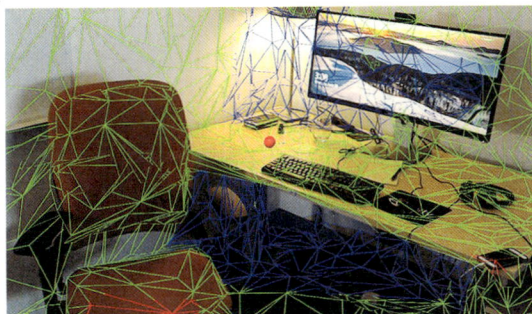

图 3-6　HoloLens 空间映射
（图片来源：微软公司官方网站）

（6）空间映射与环境理解

空间映射（图 3-6）与环境理解是实现 AR、MR 和机器人导航等技术的重要基石，主要包含以下几个核心方面。

①**三维重建与 SLAM（即时定位与地图构建）：** 三维重建技术通过从多视图图像或深度传感器数据中恢复场景的三维几何结构，实现对环境的数字化表示。SLAM 算法则在此基础上加入了机器人的自我定位功能，它能够在未知环境中一边构建地图一边估计自身位置，是实现自主导航和环境适应性的关键技术。

②**几何与拓扑理论：** 空间映射需要对环境的空间结构进行理解和表示，这涉及几何学中的点、线、面等基本概念和更复杂的几何实体。拓扑关系，如连接性、邻近性和包含关系，对于构建可理解和导航的空间模型至关重要。这些理论支持了环境模型的构建和更新，保证了映射的一致性和有效性。

③**环境学习与自适应：** 基于机器学习的方法，特别是深度学习，已被广泛应用于环境理解中，以提高识别物体、预测行为和适应变化的能力。通过训练神经网络模型对大量数据进行学习，系统能够自动提炼出环境中的模式和规律，实现对新环境的快速适应和复杂场景的理解。

综上所述，空间映射与环境理解的理论基础是多学科交叉的产物，它不仅要求对物理环境进行精确的数字化表达，还涉及对环境的智能理解与适应，最终是为了实现人与机器在复杂环境中的有效互动。

（7）运动规划与控制

机器人运动规划与控制的理论基础是确保机器人能够在复杂环境中安全、高效完成任务的核心技术体系，它综合了数学、物理学、控制理论以及计算机科学的知识。图3-7展示了通过LLMs和视觉—语言模型（VLM）的组合来提升机器人的操作能力，特别是针对多样化的操作任务和开放环境中的指令与物体集合。

①**运动学与动力学：**这是机器人学的基石，运动学负责描述机器人关节配置与末端效应器位姿之间的几何关系，分为正向运动学（从关节角度计算末端位置）和逆向运动学（从期望末端位置计算关节角度）。动力学则探讨作用力与机器人运动之间的关系，通过牛顿—欧拉方程等建立模型，分析关节力和力矩如何影响运动。

②**轨迹规划：**涉及在考虑机器人物理限制、工作空间障碍物和其他约束条件下，计算出从初始位置到目标位置的连续路径。这通常包括全局规划（如栅格法、A*算法）确定宏观路径（图3-8），以及局部规划（如人工势场法、模型预测控制）优化微观动作，确保路径的可行性与平滑性。

③**控制理论：**包括经典控制方法（如PID控制）和现代控制理论（如状态空间表示、自适应控制、模型预测控制），为机器人提供稳定、快速响应的控制策略。控制理论确保机器人能够精确跟踪规划好的轨迹，同时处理外部干扰和内部参数变化。

④**反馈控制与闭环系统：**机器人通过传感器获取实时状态信息，实

图 3-7　使用语言模型合成的 3D 价值地图用于机器人操作
（图片来源：VoxPoser）

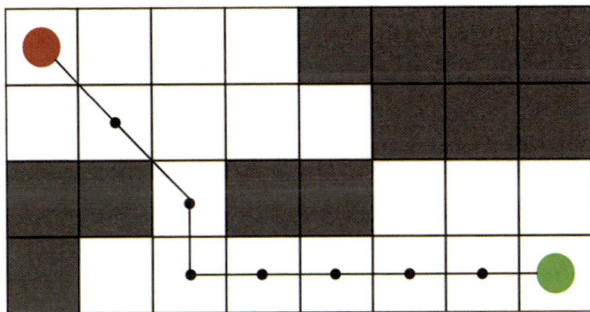

图 3-8　A* 路径规划算法
（图片来源：GeeksforGeeks 官方网站）

现闭环控制，实时调整控制输入以纠正偏差，这是应对不确定性、提高系统鲁棒性的关键。反馈机制能够帮助机器人适应环境变化，避免碰撞，确保任务执行的准确性。

⑤**非线性控制与自适应控制：**鉴于机器人系统通常具有非线性动力学特性，非线性控制方法（如滑模控制、反馈线性化）变得尤为重要。自适应控制技术允许机器人控制器根据系统的实时表现调整参数，提高控制性能，尤其在面对未知或变化的环境时。

⑥**智能规划与学习：**近年来，随着人工智能技术的发展，机器学习和强化学习在机器人运动规划与控制中的应用越来越广泛。通过学习环境模型、策略迭代等方法，机器人能够自我优化路径规划策略和控制算法，提高对复杂任务的处理能力。

综上所述，机器人运动规划与控制的理论基础是一个多学科交叉的综合体，它不仅要求深入理解机器人的物理特性，还需要灵活运用控制理论、优化算法及智能学习策略，以实现对机器人运动的精确、高效、自适应控制。

3.2 实践应用案例

3.2.1 智能导览装备

良渚博物院近期实施了一项创新举措，率先引进并部署了全球首款专为博物馆设计的智能 AR 导览眼镜，为古老的文化遗产探索增添了现

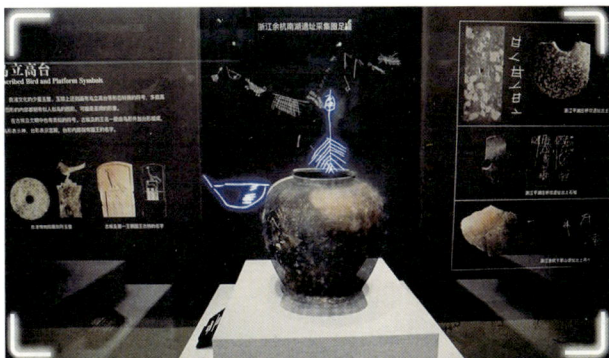

图 3-9　良渚博物院 AR 地图导览
（图片来源：Rokid 智能 AR 导览眼镜）

代科技的色彩。这款智能眼镜通过增强现实技术，为游客提供了前所未有的互动参观模式，实现了文化和科技的完美融合。如图 3-9 所示，游客佩戴智能 AR 导览眼镜后，只需简单地看向展柜中的文物，即可在视觉上立即获得增强信息，如文物表面的微小雕刻、图腾含义和历史背景等，这些信息会以三维立体的形式直接呈现在视线之内。结合视觉体验，眼镜还同步提供专业的音频解说，每件展品都有专属的语音介绍，使游客在听觉上也能获得深度学习的机会，极大丰富了参观的感官层次。在图 3-9 中，结合 GPS 定位服务，智能 AR 导览眼镜能根据游客所在位置推送相关信息，实现个性化的游览路线规划，提升了游览的便捷性和趣味性。智能 AR 导览眼镜的应用，使 5000 年前的良渚文明变得触手可及，为所有观众，尤其是青少年提供了更为直观和生动的学习材料，增强了文化遗产的教育传播效果。

3.2.2　数字化展示装备

故宫博物院的"数字故宫"项目（图 3-10），通过部署智能展柜和互动屏幕，为游客提供了前所未有的观展体验。智能展柜利用物联网技术，对温湿度等环境参数进行实时监测与调控，确保珍贵文物得到最

图 3-10　数字故宫
（图片来源：故宫端门数字馆）

妥善的保护。互动屏幕上，游客通过触摸操作即可深入了解文物背后的
故事，甚至参与虚拟修复、互动游戏等活动，使学习过程变得生动有趣，
有效提升了展览的教育性和参与度。

3.2.3　演艺装备革新

　　智能灯光系统：在上海大剧院的某现代舞剧中（图 3-11），智能
灯光系统依据剧情发展自动调节光色、亮度及运动轨迹，与演员的表演
节奏精确同步，创造出令人震撼的视觉效果，极大地增强了舞台表现力。
该系统通过预设编程和现场感应技术，实现了灯光效果的精准控制与艺
术创新，为观众带来了沉浸式的观赏体验。

　　舞台机械创新：在《印象·刘三姐》实景演出中（图 3-12），智
能舞台机械的运用成为一大亮点。自动升降的平台、旋转的水幕、动态
的 LED 背景，结合自然山水，共同构建出变幻莫测的演出场景。这些

图 3-11　上海大剧院智能灯光

图 3-12　《印象·刘三姐》实景演出

机械装置不仅实现了快速场景切换，还与演员表演完美融合，让自然风光与人文艺术交相辉映，展现了高科技演艺装备在传统与现代、自然与人文结合上的无限可能。

其他优秀案例参见表 3-1。

表 3-1　实践应用案例

序号	案例名称	单位	简介
1	一体化游船智慧终端	北京市颐和园管理处	综合应用了多种现代信息技术的系统，旨在提升游客的游览体验和游船运营的效率。该系统的设计与实现涉及多个技术领域，包括物联网、人工智能、大数据分析等
2	任逍遥伴游机器人	北京九星智元科技有限公司	机器人系统有硬件与软件系统两部分构成。硬件功能主要结合目前景区痛点，满足游客日益增长的智能化需求，为提高游客体验度而设计。前端主要功能有代步、语音交互与讲解，后台软件系统用于支撑游客与景区端所有功能的远程管理等辅助支持，也可定制特色功能来满足不同景区的特定需求
3	思安奇滑雪新装备	思安奇冰雪科技（张家口）有限公司	该装备是一款基于虚拟现实技术的模拟滑雪设备。该设备的设计和开发是为了响应国家大力发展和普及冰雪运动的号召，通过提供一个安全、便捷且沉浸式的滑雪体验，使普通群众可以随时随地享受滑雪的乐趣，同时促进冰雪运动的推广和普及
4	多玛乐园捕鱼机器人	唐山多玛乐园旅游文化有限公司	多玛乐园捕鱼机器人是一种集成了人工智能、探测识别和智能控制技术的高科技产品。根据相关文献，这种机器人采用了零浮力复合电缆控制技术，能够实现自主控制和人工操控。此外，该机器人的设计考虑到了机器鱼的关键问题，如密封和配重，以及如何逼真地模拟真鱼的游动姿态和行为
5	草原生态移动住宿装备	内蒙古西地腾文化艺术有限公司	该装备是一种创新的旅游住宿解决方案，旨在解决传统蒙古包住宿方式对草原环境造成的破坏问题。这种新型住宿模式采用集装箱建筑技术，不仅具有较高的舒适度和全面的设施，而且具有很强的可移动性和环保性

序号	案例名称	单位	简介
6	主题交互式机甲观光游览车	大连博涛文化科技股份有限公司	该主题交互式机甲观光游览车是一种创新的旅游体验设备，结合了最新的技术与娱乐元素。景区观光车自动讲解系统的设计中，我们可以提取到一些关键技术点来推测大连博涛文化科技股份有限公司可能采用的技术和设计理念
7	"辽宁红色六地"展馆虚拟漫游系统	沈阳新松虚拟现实产业技术研究院有限公司	该系统是一个基于VR技术的应用项目。该系统利用先进的VR技术，为用户提供一个沉浸式的参观体验，使用户能够通过虚拟环境深入了解辽宁红色文化的重要地点和历史事件
8	基于云平台的冰雪景区灯光联动控制系统	哈尔滨冰雪大世界股份有限公司	该系统是一个专为哈尔滨冰雪大世界主题乐园设计的智能照明控制系统。该系统的主要目的是实现冰雪景观照明的自动、远程监控，以及统一协调管理，从而提升园区的整体照明品质和节能效果
9	上海中心大厦"AI之梦"大型文旅项目	Xenario飞来飞去公司	"AI之梦"融合了AI对话、场景互动、剧情体验等流行元素，以AI的视角切入，让体验者跟随主角——超智数字生命体爱小爱（AiAi）一起执行解决能源危机、保护环境等任务
10	麦飞特全姿态飞行模拟器	上海瑞毕奥创意设计有限公司	该模拟器是一种基于冗余驱动并联机构的新型飞行模拟器。这种模拟器的设计旨在解决传统飞行模拟器在转角有限的问题，通过采用一种新的冗余驱动并联机构作为其运动机构，充分利用了该机构转角大、刚度高等优点，以满足大姿态、大转角的运动要求
11	沉浸式交互VR体验游艺装备	徐州拓普互动智能科技有限公司	该装备是一种利用VR技术来提供高度沉浸感和互动性的娱乐设备。这种技术通过计算机硬件和软件的集成，使用户能够在三维虚拟场景中进行漫游和交互操作，从而获得身临其境的感受

序号	案例名称	单位	简介
12	全息显示装备技术在传统文化景区中的应用	南京达斯琪数字科技有限公司	项目通过空气悬浮、裸眼 3D 等显示效果，借助全息显示技术，为景区量身定制内容、打造网红地标，为游客呈现震撼的光影秀
13	数字孪生与交互装备技术提升公共文化场馆服务效能	浙江省博物馆	项目以文博物联装备融合数据要素的方式，梳理博物馆服务逻辑，围绕公共服务、社会教育、展览展示、藏品保护四大场馆职能，构建了一套"可搭可拆"的信息化建设框架体系
14	非接触式空中成像飞屏	安徽省东超科技有限公司	该技术是一种基于平板透镜的空中成像显示技术。这项技术通过特殊精密微观结构重新构造的平板透镜，采用多排多列的矩形光波导阵列和外围的三角形光波导，实现光源在空气中的实像显示。这种技术能够实现大视场、大孔径、高解像、无畸变和无色散的效果，并且支持裸眼立体显示特性
15	LED 立体沉浸式影院技术在文化数字化场景中的应用	山东金东数字创意股份有限公司	金东数创打造的"LED 立体沉浸式影院"是由多面 LED 屏组成的立方体形状的沉浸式全景虚拟体验空间，参观者站立于透明玻璃看台营造的悬浮空间内，同时视角全部被屏幕包裹，再通过画面效果逼真的三维动画，诸如未来新能源世界、崂山老子像等多个场景变幻，配合多声道全景音响系统的氛围渲染，让观众产生临场感，穿梭于过去与未来，形成强烈的空间沉浸感
16	"彩编图灵"图书采分编智能作业系统	广东省立中山图书馆（广东省古籍保护中心）	该系统结合 IoT 技术、AI、工业机器人技术，重组采编工作流程，实现传统人工作业向自动化智能化操作的转型升级，为相关技术在图书馆领域的应用提供了新的方案

序号	案例名称	单位	简介
17	基于 AI 影像处理技术的 VR 全景相机	影石创新科技股份有限公司	影石创新的 VR 全景相机基于先进的 AI 影像处理技术，已广泛应用于旅游、运动、文娱活动、影视拍摄等多个行业
18	5D 沉浸式互动装备技术在梵净书院的应用	厦门奇翼科技有限公司	本技术采用全息光影立体成像的投影技术和 360° 场景体验技术，首创中国科技教学模式的"5G+5D"专利技术，构建研学数字化新教学研学场景，创新虚实结合的独特教学形式
19	哈尼梯田智慧旅游立体化监测系统	世界遗产哈尼梯田元阳管理委员会	该监测系统结合了 GIS、遥感、云计算、大数据及物联网技术，对梯田状况（四素状态）及非遗建筑（蘑菇屋等）进行全方位管理，构建哈尼梯田"一张图"和立体化监测体系，对哈尼梯田文化景观资源进行精确定位、精准保护和动态监管，实现元阳遗产区梯田资源管理实时化、梯田监测精细化、梯田元素数字化、应急指挥及人员调度智能化、梯田规划智慧化的管理目标，打造元阳遗产区集约化保护管理体制，以及集全面感知、分析预测等功能于一体的"智慧大脑"
20	沉浸式数字光影演艺《寻迹洛神赋》	洛阳大河荟商业管理有限公司	沉浸式数字光影演艺《寻迹洛神赋》中，数字行浸式演艺利用水幕投影等技术，在有限空间实现多场景转换；河洛掌灯光影秀利用混合现实、体感交互等技术，传播河洛文化、中国二十四节气文化
21	虚拟现实舞蹈《十二生肖·卯兔邀月》	中国东方演艺集团有限公司	中国东方演艺集团有限公司利用数字特效，制作了虚拟现实舞蹈《十二生肖·卯兔邀月》，观众佩戴 VR 眼镜，欣赏舞蹈演员在虚拟场景空间和视觉景观中的表演，增强了沉浸感和体验感

序号	案例名称	单位	简介
22	智能机器人在图书馆中的应用	中新天津生态城图书档案馆	中新天津生态城图书档案馆利用迎宾、服务、互动、售卖、分拣、运输、盘点、搬运等8类40余台智能机器人，提供咨询、导航、借还等自助服务
23	沉浸式线下体验空间"慢坐书局"	完美世界（北京）软件科技发展有限公司	沉浸式线下体验空间"慢坐书局"将书店改造成剧本娱乐场所，利用对象识别、增强现实、定位同步等技术，为玩家提供虚拟场景与现实场景相结合的沉浸式体验，玩家可以通过手机识别场景中的道具，进行推理解谜，推动剧情发展，提升剧本娱乐活动的参与感和体验感
24	法海寺壁画艺术数字展	北京法海艺舟文化传播有限公司	法海寺壁画艺术馆设置壁画厅、球幕厅、复原厅等展示空间，利用数字多媒体技术和光影技术展示壁画内容，通过构图技法对比、人物服饰解读等方式，深入挖掘阐释法海寺壁画的前世今生、历史文化和艺术价值
25	中国戏曲数字人表演体验系统	中国艺术科技研究所	中国戏曲数字人表演体验系统利用摄像头和惯性动作捕捉设备，实时捕捉体验者的面部表情和动作，驱动采用虚幻引擎制作的数字人进行表演，使体验者拥有置身戏曲舞台的表演体验

3.3 技术挑战与未来展望

3.3.1 技术挑战

文化装备数字智能的发展之路并非坦途，它面临一系列技术、伦理和社会层面的挑战。

首先，在数据隐私与安全方面，随着智能化程度的加深，个人行为、偏好甚至生物特征数据的收集与分析变得日益普遍，如何确保这些敏感信息不被非法获取或滥用，成为技术开发者和监管机构必须严肃对待的问题。这不仅涉及高级加密技术的运用，还须建立健全数据保护法规框架和用户教育，提升大众对个人信息保护的意识。

其次，技术融合的复杂性是另一大挑战。文化装备的数字智能特性要求将物理硬件、传感器网络、云计算、人工智能等多种技术无缝整合，这不仅需要跨学科的技术突破，还需要在设计初期就考虑到各技术间的协同工作和兼容性问题。此外，如何在保持技术领先的同时控制成本，使之适用于广泛的市场，也是一个不容忽视的经济挑战。

再次，用户体验设计也是关键一环。技术的引入应以增强而非干扰文化体验为目标，这意味着设计者须深入理解目标受众，创造出既富有科技感又不失文化深度的产品，满足不同年龄、文化背景用户的审美和使用习惯。此外，如何平衡技术驱动的创新与文化传统的保留，防止技术应用过度商业化而丧失文化内涵，是文化装备设计中的一个重要议题。

最后，行业标准和规范的缺失是制约数字智能文化装备发展的瓶颈之一。目前，行业内对于设备性能、数据交换格式、安全标准等方面尚未形成统一规定，这不仅限制了不同系统之间的互操作性，也给消费者的选择和比较带来困难。因此，建立一套全面、权威的标准体系，引导行业健康有序发展，成为迫切需求。

3.3.2 趋势展望

展望未来，文化装备数字智能的前景充满了无限可能与机遇。随着技术迭代，个性化体验将迈向新的高度。AI 和大数据技术的成熟应用，将使文化装备能够更精确地理解个体偏好，定制化生成内容和服务，无论是虚拟现实的个性化场景构建，还是基于用户历史行为的智能推荐系统，都将极大丰富和深化人们的文化消费体验。

跨领域融合与创新将是另一大趋势。文化装备不再局限于单一领域，而是与教育、旅游、健康、体育等多个行业深度结合，形成全新的业态和模式。例如，智能导览系统与历史文化遗址的结合，为游客提供沉浸式学习体验；体育赛事直播中应用 AR 技术，提升观众的观赛感受。这种跨界合作不仅促进了技术的广泛应用，也推动了文化内容的多样性和创新性。

可持续性发展成为重要议题。随着全球对环保意识的提升，文化装备的设计与制造将更加注重环境友好性，如采用可回收材料，优化能源利用，减少碳排放。同时，智能化运维系统能够有效监测设备能耗和状态，实现远程管理和预防性维护，从而在提升效率的同时，减少对环境的影响。

多感官体验技术的集成将为文化装备带来革命性的变革。超高清视频、三维音频、触觉反馈乃至气味模拟等技术的综合运用，将为用户营造全方位、多层次的沉浸式文化享受，使观看电影、参加音乐会或体验历史事件等变得更加真实和动人。

综上所述，文化装备数字智能的未来将在挑战与机遇中不断前行，技术与文化的深度融合将不断催生出新的应用场景和体验形式，为全球文化产业发展注入强大动力。

3.4 结论与建议

数字智能在文旅装备中的应用取得显著进展，推动了旅游服务的智能化和个性化，提升了游客的文化体验和满意度。通过智能导览系统、数字化博物馆、文化遗产保护与修复、虚拟现实展览等多种应用，数字智能技术优化了管理流程，增强了互动体验，并有效促进了文化遗产的保护和传承。这些技术的应用不仅提升了文旅产业的服务质量和运营效率，还为行业带来了新的发展模式和经济增长点，显著推动了文化和旅游产业的变革。

未来，数字智能技术将继续在文旅装备中发挥重要作用，推动行业向更高层次的智能化、个性化和可持续发展方向迈进。随着 AI、IoT、VR 等技术的不断进步和融合，文旅装备将实现更深层次的创新应用，如智能导览的无缝交互、虚拟博物馆的沉浸体验、文化遗产的动态保护与修复等。同时，持续的技术创新和跨学科合作将成为驱动行业发展的关键，通过整合多领域的前沿技术和专业知识，进一步提升文旅装备的智能化水平和用户体验。

参考文献

[1] 常天恺."智能+"时代文化装备制造业的数字化升级与创新 [J/OL]. 人文天下，2021(7):8-13.

[2] 聂敏. 推动文化与科技在数字化背景下的融合发展 [J]. 文化产业，2020(35): 106-107.

[3] 陈思，傅畅梅，孙程程. 论文化与科技的深度融合及智能化运作逻辑 [J/OL]. 河南师范大学学报（哲学社会科学版），2021, 48(6): 87-92.

[4] 解学芳，雷文宣."智能+"时代的现代文化产业体系：挑战与重塑 [J]. 深圳大学学报（人文社会科学版），2021, 38(4): 56-66.

[5] 方卿，张新新. 文化与科技融合概览 [J/OL]. 科技与出版,2019(9):52-56.

[6] Radford A, Narasimhan K, Salimans T, et al. Improving Language Understanding by Generative Pre-training [J]. OpenAI, 2018.

[7] Brown T B, Mann B, Ryder N, et al. Language Models are Few-shot Learners [J]. Advances in Neural Information Processing Systems,2020,33: 1877-1901.

[8] Ho J, Jain A, Abbeel P. Denoising Diffusion Probabilistic Models [J]. Advances in Neural Information Processing Systems, 2020, 33: 6840-6851.

[9] Felbo B, Mislove A, Søgaard A, et al. Using Millions of Emoji Occurrences to Learn Any-domain Representations for Detecting Sentiment, Emotion and Sarcasm [J]. arXiv preprint arXiv: 1708.00524, 2017.

[10] Zhang S, Yao L, Sun A, et al. Deep Learning Based Recommender System: A Survey and New Perspectives [J]. ACM Computing Surveys (CSUR), 2019, 52(1): 1-38.

[11] Lim B, Zohren S. Temporal Fusion Transformers for Interpretable Multi-horizon Time Series Forecasting [J]. International Journal of Forecasting, 2021, 37(4): 1748-1764.

[12] Schulman J, Wolski F, Dhariwal P, et al. Proximal Policy Optimization Algorithms [J]. arXiv preprint arXiv:1707.06347,2017.

[13] Atzori L, Iera A, Morabito G. The Internet of Things: A Survey [J]. Computer Networks, 2010, 54(15): 2787-2805.

下

篇

行业发展与未来设计

4

未来纺织设计

"未来纺织设计"将分成两个部分：纺织的基础材料——纤维；纺织的下游应用——服饰。

4.1　纤维科学

纤维，是在现代社会中扮演着多重角色的一种材料，其重要性远远超出了我们的日常认知。从宏大的国家战略项目到细微的生活细节，纤维无处不在，已成为连接科技与生活的桥梁。在科技领域，纤维以其卓越的性能为航空航天、国防军工、新能源等行业的发展提供了强有力的支撑，推动着社会的进步。而在日常生活中，纤维更是不可或缺，它们以千变万化的形态融入我们的衣食住行，提升我们生活的品质与舒适度。"世界是由纤维组成的"这一说法，虽以夸张的手法强调了纤维的普遍性，但实则深刻揭示了其在社会中的重要地位。若没有纤维，许多现代科技成就将无从谈起，我们的日常生活也将失去诸多便利与美好。因此，纤维的重要性不言而喻，它不仅是科技进步的见证者，更是人类智慧与创造力的结晶。

4.1.1　纤维的定义

纤维是一种细长形态的物体，它的直径很小，是以微米来度量的，其长度比直径大千百倍，是具有一定柔韧性能的纤细物质，如棉花、羊毛、蚕丝、叶络、毛发等。纤维作为一种多功能、多用途的材料，种类繁多，

图 4-1　植物纤维　　　　图 4-2　动物纤维　　　　图 4-3　矿物纤维

性能各异，不仅构成了丰富多彩的自然界，也深刻影响着人类的生产生活。而纺织纤维作为其中的佼佼者，更是人类智慧与自然馈赠相结合的代表。

4.1.2　纤维的分类

（1）天然纤维

天然纤维是自然界存在的，可以直接取得，根据其来源分成植物纤维、动物纤维和矿物纤维三类。植物纤维是由植物的种籽、果实、茎、叶等处得到的纤维，是天然纤维素纤维（图 4-1）。植物纤维的主要化学成分是纤维素，故也称纤维素纤维。例如，从植物韧皮得到的纤维如亚麻、黄麻、罗布麻等；从植物叶上得到的纤维如剑麻、蕉麻等。动物纤维是从动物的毛或昆虫的腺分泌物中得到的纤维（图 4-2）。动物纤维的主要化学成分是蛋白质，故也称蛋白质纤维。例如，动物毛发中可以得到的纤维有羊毛、兔毛、骆驼毛、山羊毛、牦牛绒等；从动物腺分泌物中可以得到的纤维有蚕丝等。矿物纤维是从纤维状结构的矿物岩石中获得的纤维，主要组成物质为各种氧化物，如二氧化硅、氧化铝、氧化镁等，其主要来源为各类石棉，如温石棉、青石棉等（图 4-3）。

（2）化学纤维

化学纤维是经过化学处理加工而制成的纤维，可分为人造纤维、合成纤维和无机纤维。人造纤维是以某些天然高分子化合物或其衍生物作

图 4-4　人造纤维　　　　图 4-5　合成纤维　　　　图 4-6　无机纤维

原料，经溶解后制成纺织溶液，然后纺制成纤维（图 4-4）。其原料可以包括木材、竹子、甘蔗渣、棉短绒等。根据人造纤维的形状和用途，可分为人造丝、人造棉和人造毛三种。此外，根据化学组成和制造方法的不同，人造纤维还可分为再生纤维素纤维、纤维素酯纤维、再生蛋白质纤维等。合成纤维的化学组成和天然纤维完全不同，是从一些本身并不含有纤维素或蛋白质的物质如石油、煤、天然气、石灰石或农副产品，先合成单位，再用化学合成与机械加工的方法制成纤维（图 4-5）。如聚酯纤维（涤纶）、聚酰胺纤维（锦纶或尼龙）、聚乙烯醇纤维（维纶）、聚丙烯腈纤维（腈纶）、聚丙烯纤维（丙纶）、聚氯乙烯纤维（氯纶）等。无机纤维是以天然无机物或含碳高聚物纤维为原料，经人工抽丝或直接碳化制成，包括玻璃纤维、金属纤维和碳纤维等（图 4-6）。

4.1.3　应用案例

　　纤维是一种推动人类文明进程的关键材料，从贴近生活的舒适健康、安全防护、智能与功能消费品，到影响国计民生的国防科工、交通运输、新能源、生命健康、现代农业、生物医用等关键领域，先进纤维材料的发展都是不可或缺的基础，发挥着举足轻重的作用。它们不仅影响着人们的生活品质，也为国家的发展和安全提供了强有力的支撑。作为现代化产业体系的战略性、基础性领域，纤维新材料的发展引领着产品、工艺的创新,推动着产品应用的深化与延伸,促进着产业体系的重构与升级。"十四五"时期,我国纤维新材料行业进入新阶段、新理念、新格局的高质量发展期,围绕重点领域的需求,发展航空航天材料、高端装备材料、新一代电子信息材料、生物医用材料、新能源材料等,关注 5G、柔性显示等新兴方向的材料需求,促进开发与应用联系更紧密。

(1) 嫦娥六号月面国旗

嫦娥六号月面国旗展示系统由中国航天三江集团联合武汉纺织大学等单位共同研制。针对任务中高低温交变、高真空及强紫外辐射等极端环境要求,月面国旗团队选用玄武岩材料,攻克了玄武岩超细纤维纺丝、纺纱、织造及色彩构建等诸多国际难题,首次成功研制出无温控保护、独立动态展示的"石头版"高品质织物国旗。玄武岩纤维具有非常优异的隔热抗辐射性能,能够抵御月表恶劣环境。但玄武岩纤维属于无机纤维,其表面光滑、脆性易碎、模量高,难以纺制超细丝、纺纱、织造,以及构筑高牢度的颜色。针对此问题,月面国旗团队联合湖北汇尔杰玄武岩纤维有限公司,创新设计喷丝板内腔结构,研发出约为头发丝直径三分之一的超细玄武岩纤维,"石头版"国旗才得以"轻装登月"。在喷丝板内腔结构基础上,研究团队进行了梯形优化,再配合炉内分布式精准控温,成功实现超细玄武岩纤维的稳定量产。此外,光滑的玄武岩长丝对制作月面国旗也是一大挑战。团队利用织物表面的芳纶短纤毛羽,使颜料中的黏合剂与其形成类似"铆钉"锚定的效果,有效提升涂料界面结合牢度与国旗图案的饱满度,保障国旗的月面展示效果(图4-7)。

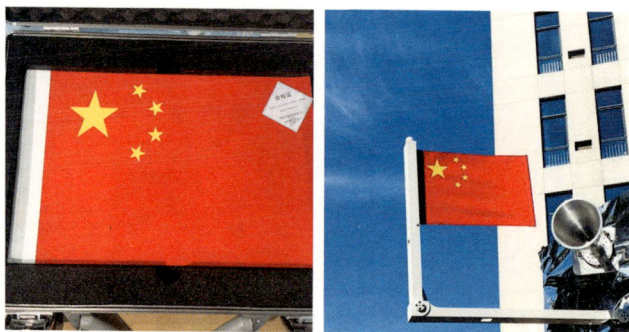

图 4-7 "石头版"高品质织物国旗
（图片来源：武汉纺织大学官网）

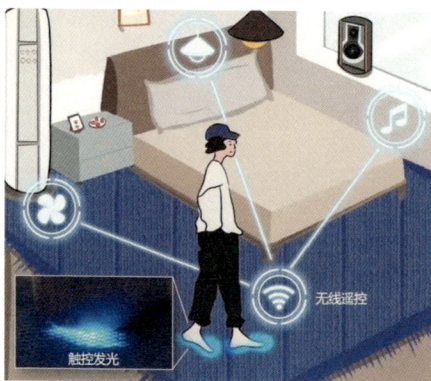

图 4-8 对智慧生活场景的展望
（图片来源：武汉纺织大学官网）

（2）智能纤维服装

东华大学科研团队开创性地提出了"非冯·诺伊曼架构"的新型智能纤维，有效地简化了可穿戴设备和智能纤维制品的硬件结构，优化了它们的可穿戴性。该工作实现了将能量采集、信息感知、信号传输等功能集成于单根纤维中，并通过编织制成不依赖芯片和电池的智能纤维制品。该工作提出把人体作为能量交互的载体，开辟了一条便捷的能量"通道"，原本在大气中耗散的电磁能量优先进入纤维、人体、大地组成的回路，就是这一"日用而不觉"的原理，促成了"人体耦合"的新型能量交互机制（图 4-8）。在添加特定功能材料后，经过

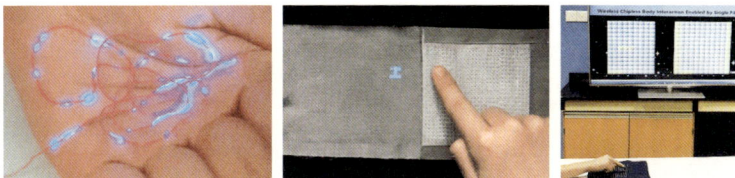

图4-9 触控发光纤维与织物、无线游戏操控的演示
（图片来源：纤维材料改性国家重点实验室）

人体触碰，这种新型纤维就会发光发电。这款新型纤维具有三层鞘芯结构，芯层为感应交变电磁场的纤维天线（镀银尼龙纤维）、中间层为提高电磁能量耦合容量的介电层（$BaTiO_3$复合树脂）、外层为电场敏感的发光层（ZnS复合树脂），原材料成本低，纤维和织物的加工都能够用成熟的工艺实现，已具备量产能力。这种新型纤维能够运用到服装服饰、布艺装饰等日用纺织品中，当它们与人体接触时，通过发光进行可视化的传感、交互甚至高亮照明，同时对人体不同姿态动作产生独特的无线信号，进而对智能家电等电子产品进行无线遥控（图4-9）。

（3）eVTOL

碳纤维是eVTOL主要机身结构材料，满足轻量化和高强度要求（图4-10）。当前主流eVTOL设计方案均采用碳纤维作为主要机身结构材料，其使用的复合材料90%以上为碳纤维。从复材应用场景来看，有75%~80%用于结构部件和推进系统，其次为横梁、座椅结构等内部应用占12%~14%，电池系统、航空电子设备和其他小型应用占8%~12%。从国内当前头部eVTOL制造商亿航智能、小鹏汇天、峰飞航空科技等公司公布的设计方案来看，机身结构均采用碳纤维复材，小鹏汇天旅航者X2的旋翼桨叶和起落架也采用碳纤维复材。根据测算，单台eVTOL对碳纤维需求在100~400kg。随着碳纤维在该领域中应用需求的持续旺盛，各国从原材料研发、结构设计与制造等环节进行了大量的研究，为碳纤维在此类领域的大面积应用积累了相当的技术基础和经验。

图 4-10　5 座 eVTOL 盛世龙

图 4-11　锂电涂覆

（4）锂电涂覆

　　芳纶用于锂电涂覆提升锂电池关键性能，间位芳纶需求空间被打开
（图 4-11）。锂电池涂覆为在锂电池电芯隔膜或极片进行涂覆的工艺
方式，可以提高锂电池电芯隔膜的耐热性和抗刺穿能力，并降低涂覆隔
膜的含水率，有助于改善锂电池的倍率性能和循环性能，提升电芯的良
品率，并提高锂电池的安全性能。在涂覆领域，氧化铝（陶瓷 / 勃姆石）
涂覆、PVDF 涂覆、氧化铝与 PVDF 混合涂覆等技术已经广泛应用。
为了进一步提升隔膜性能，韩国 LG 集团等企业已率先使用芳纶替代勃
姆石进行锂电池涂覆，预计国内企业也将陆续对该新技术进行布局。

图 4-12 CETROVO 1.0 碳星快轨
（图片来源：人民日报）

4.1.4 发展趋势

（1）多元化发展

随着科技的进步，纤维的种类不断增多，包括天然纤维（如棉、麻、丝、毛等）、化学纤维（如聚酯纤维、尼龙、人造纤维等）以及高性能纤维（如碳纤维、芳纶、超高分子量聚乙烯纤维等）。这些纤维各具特色，在满足了不同领域需求的同时，其应用领域也正在不断拓展，从传统的纺织领域扩展到建筑、环保、生物医学、航空航天等多个领域。例如，在山东青岛正式发布的碳纤维地铁列车"CETROVO 1.0 碳星快轨"（图 4-12）。该列车较传统地铁车辆减重 11%，具有更轻、更节能等显著优势，引领地铁列车实现全新绿色升级。该车的车体、转向架构架等主承载结构采用碳纤维复合材料制造，实现了车辆性能的全面升级，具有更轻、更节能、强度更高、环境适应力更强、全寿命周期运维成本更低等技术优势。

（2）智能化发展

随着大数据和人工智能技术的发展，智能纤维成为纤维科学研究的新热点。智能纤维能够感知外界环境的变化并作出相应反应，如温度感应纤维、压力感应纤维等，这些纤维在可穿戴设备、智能纺织品等领域具有广泛的应用前景。近年来，科研人员通过创新纺丝技术，实现了纤维轴向异质超结构的设计，完成了在单根纤维水平上多材料、多功能、多形态的序列结构信息化设计。这种信息化纤维为纤维器件的设计提供了更多可能性，未来可用于机器人可编程骨骼、皮肤以及医用可编程变形器件等领域。

（3）功能化发展

高性能纤维因其优异的物理性能和化学稳定性，在航空航天、轨道交通、舰船车辆等领域发挥着重要作用。例如，碳纤维因其高比强度、高比模量等特点，被广泛应用于飞机、火箭等高端装备中。未来，随着技术的进步和成本的降低，高性能纤维的应用领域将进一步拓展。同时，为了满足复杂多变的应用需求，科研人员致力于研发多功能复合纤维，这些纤维集成了多种功能于一体，如抑菌、阻燃、抗静电、抗紫外等。

（4）绿色化发展

随着环保意识的提高，环保纤维的研发成为纤维科学研究的重要方向之一。环保纤维包括可降解纤维、再生纤维等，这些纤维在生产和使用过程中对环境的影响较小。例如，海藻纤维是一种来自海洋的植物纤维，摆脱了从陆地获取纺织材料的方式，为人类在纺织业向海洋要资源开启新篇章，因此又被誉为"第三纤维"（图4-13）。海藻纤维以天然海带、海藻生物为原材料，运用高科技低温沉炼惰性气体萃取技术，提取海带、海藻中的多糖及多种维生素，将海洋多糖溶于共溶剂，经脱泡过滤后通

图4-13　海藻纤维

过喷丝孔挤入凝固液中，再经过拉伸、水洗、干燥、卷曲研制而成。海藻纤维非常环保，原料为天然丰富的褐藻，经"0"污染的水体系生产，纤维可自然降解，原料可再生。生产过程不添加自然界难分解的有机溶液，生产过程和产品都没有污染。废弃后的海藻纤维在自然界中可降解，不会污染土壤。海藻纤维的整个生命周期都充满着绿色健康理念，对环境友好。

"2024纤维领域十大新兴技术"被精准划分为三大体系：通用纤维、特种纤维与前沿纤维体系。通用纤维体系，重点突出多功能性、可持续发展以及高值化趋势，涵盖聚酰胺纤维的高效柔性化技术、消费后纺织品的高值化再利用，以及引领绿色潮流的负碳纤维技术。特种纤维体系则聚焦特种功能、面向能源及可降解，包括生物基可降解聚酯、高性能生物基纤维、先进能源纤维材料。前沿纤维体系，瞄准了跨尺度、高通量及未来产业发展潜力，囊括了仿生气凝胶纤维、纤维基柔性感知材料与技术、纳米纤维高通量制备技术、超材料。这十大技术代表了纤维领域的战略前瞻性研究，展现了纤维领域的创新活力，为未来的可持续发展与产业升级奠定了坚实基础。

作为构成物质世界和生命体基本组分（单元）的纤维，和我们的生活息息相关，衣被天下的棉麻桑罗、维持生命的基本膳食，究其本源无不是纤维。由于纳米材料、高分子、半导体电子器件、软件工程、纤维改性等诸多学科和技术的介入，纤维在变得更纤细、更耐磨、更抗拉的同时，正在被赋予电学、光学性能和信息收发、储存功能等更多的可能性。与此同时，纤维的超高性能化和绿色化将成为未来主流趋势，智能、超能、绿色特征的进一步交叉融合，也将催生许多全新的纤维品种，其中相当比例最终将转化为巨大的商业价值，为人类社会的发展作出更大贡献。所以纤维科学的发展要充分发挥科技创新引领作用，要持续关注技术绿色低碳发展，大力提高纤维材料数智度。

4.2 未来服饰

4.2.1 未来服饰的定义

未来服饰是基于对当前科技、社会、文化以及环境发展趋势的深入理解，对未来可能出现的服饰形态、功能、设计理念等进行的一种预测、设想或创新实践。未来服饰是一个融合了科技、设计、生活方式和审美趋势等多方面的综合性概念。它代表了人类对未来美好生活的向往和追求，将不断推动服饰行业的创新和发展。积极吸纳和应用最新的科技成果，包括但不限于智能材料、可穿戴技术、生物识别技术等。这些技术的应用将使服饰不仅仅是遮体保暖的工具，而成为具有多种功能的智能设备。设计理念将更加注重人性化、个性化和可持续性。设计师们将致力于创造出既符合人体工学、又能满足个人独特需求和审美偏好的服饰。同时，环保意识的提升，也推动服饰行业向更加绿色、低碳的方向发展，贴合未来人类的生活方式变化。伴随科技的发展和社会的进步，人们的生活方式将不断演变，如远程工作、智能家居、虚拟现实娱乐等新兴生活方式的兴起，将对服饰的功能性和舒适度提出新的要求，不断探索新的审美趋势和风格元素，将科技与美学相结合，创造出既具有高科技含量又符合时代精神的服饰作品，满足人们的穿着需求，更将成为表达个性和追求时尚的重要媒介。

4.2.2　未来服饰的分类

（1）按技术分类

①**智能服饰：** 融合智能材料、传感器、微处理器等先进技术，能够实时监测人体的生理指标、运动状态或环境参数，并据此作出相应的反应。例如，智能运动衣可以监测心率、呼吸和运动量，为运动爱好者提供科学的训练指导；智能温控服饰则能根据人体温度自动调节保暖性或透气性。

②**可穿戴技术服饰：** 与智能服饰类似，但更侧重于将各种电子设备集成到服饰中，实现更多的功能。如集成了 GPS 定位、蓝牙通信、音乐播放等功能的智能外套，或具有支付功能的智能手表、手环等。

③**环保与可持续服饰：** 采用可再生材料、环保工艺和可持续生产方式制作的服饰。这类服饰注重减少对环境的影响，如使用有机棉、竹纤维等环保材料，减少化学染料和有害物质的使用，以及推动循环经济和零废弃设计。

在现今世界范围内，已经公开发售的智能服装中比较普遍的有智能加热服装、智能保健服装、医用智能服装和运动智能服装。如智能加热服装，通过自主感应温度来进行物理加热或者是物理散热，控制人体温度，提升用户服装体验感和舒适感。目前市场上比较多的智能保健服装主要用于理疗或者是检测，通过大数据分析，掌握人体的健康状况。如医用智能服装和运动智能服装，都是针对专业人士使用而设计的。

（2）按功能特性分类

①**健康监测服饰：**监测人体健康指标的服饰，如心率监测衣、血压监测袜等。它们通过内置的传感器和数据分析技术，为用户提供及时的健康预警和健康管理建议。

②**安全防护服饰：**具有防火、防爆、防毒、防弹等安全防护功能的服饰。这类服饰通常采用特殊材料和结构设计，以确保在危险环境中穿着者的安全。

③**特殊用途服饰：**针对特定场景和需求设计，如潜水服、登山服、宇航服等。它们具有特定的功能特性，以满足不同场景下的穿着需求。

（3）按设计理念分类

①**个性化与定制化服饰：**强调个性化设计和定制服务。消费者可以根据自己的需求和喜好，选择材料、颜色、款式和图案等，甚至参与设计过程，打造独一无二的服饰。

②**时尚与科技融合服饰：**将时尚元素与科技元素相结合，不仅具有高科技的功能特性，还注重外观设计和时尚感，以满足消费者对美感和实用性的双重追求。

③**环保与公益服饰：**倡导环保和公益理念，采用环保材料、推广循环

经济和零废弃设计，或者将部分销售收入捐赠给公益事业，以推动社会可持续发展。

（4）按应用场景分类

①**元宇宙与虚拟世界服饰：**随着元宇宙概念的兴起和虚拟现实（VR）、增强现实（AR）技术的发展，未来服饰将不仅仅局限于现实世界，还将拓展到虚拟世界。元宇宙服饰将成为人们在虚拟空间中展示个性、社交互动的重要元素。用户可以根据自己的喜好和需求，在元宇宙平台上设计独一无二的虚拟服饰，包括颜色、材质、图案、款式等。元宇宙服饰具备互动性，随着用户的动作或环境变化而改变形态或颜色，同时具备特定的功能，如增加虚拟角色的属性、提供特殊技能或效果等。将成为虚拟社交中的重要媒介，用户通过穿着独特的服饰来展示自己的身份、地位和品位，从而与其他用户建立联系和产生互动。

②**智能生活与健康管理服饰：**注重与智能生活的融合，通过集成各种传感器和智能技术，实现对人体健康、生活环境的实时监测和管理。智能服饰可以实时监测用户的心率、血压、睡眠质量等生理指标，提供健康评估和建议，帮助用户更好地管理自己的健康状况。根据外部环境（如温度、湿度、气压等）的变化，智能服饰可以自动调节保暖性或透气性，确保用户在不同环境下的舒适度。智能服饰还具备提醒功能，如定时提醒用户喝水、吃药、运动等，帮助用户养成良好的生活习惯。

③**可持续与环保服饰：**随着全球对环保问题的关注不断增加，采用

有机棉、竹纤维、再生聚酯纤维等可再生材料制作的服饰，以减少对自然资源的依赖和环境污染。注重可循环利用和零废弃原则，通过模块化设计、可拆卸部件等方式，延长服饰的使用寿命并降低废弃物的产生。采用环保染料和工艺进行生产，减少有害物质的使用和排放，降低对环境和人体的危害。

④**极端环境与特殊用途服饰**：针对极端环境或特殊用途设计的服饰，将更加注重安全性和功能性。具备防火、防爆、防毒、防弹等安全防护功能，确保在危险环境中穿着者的安全。能够适应极端环境（如高温、低温、高湿、低氧等）的变化，提供必要的保护并提升舒适度。针对特定行业或职业（如宇航员、潜水员、消防员等）的需求进行设计，具备特定的功能和性能要求。

4.2.3　未来服饰的特点

（1）智能化

利用传感器、微处理器等智能元件，使服饰能够感知外界环境、监测人体健康状况，根据用户的喜好和需求进行自动调节。例如，智能温控服装可以根据环境温度和人体活动量自动调节温度，保持穿着的舒适度。

（2）多功能性

集成多种功能，如防晒、防雨、透气、抗菌、防污等，以满足不同场合和需求的穿着要求。同时，这些功能通过创新的设计和材料实现，既美观又实用。

（3）可持续性与环保性

随着环保意识的增强，采用可再生材料、减少资源消耗、降低生产过程中的环境影响，以及实现服饰的循环利用或降解等，将成为未来服饰发展的重要方向。

（4）个性化与定制化

随着科技的发展，通过 3D 打印、虚拟现实等技术，根据自己的需求和喜好，参与设计制作独一无二的服饰，实现真正的"一人一版"。

（5）时尚与科技融合

不断探索新的设计理念和技术手段，将科技与美学相结合，创造出既具有高科技含量又符合时尚潮流的服饰作品。

4.2.4 案例分析

（1）AI 服装设计：未来星辰系列——时间裂缝

该服装设计是借鉴《星际穿越》这部电影的灵感并借助 AI 生成的设计。未来星辰系列是一场时尚的未来之旅，以前卫设计、高科技材料和潮流感为基础，勇于突破传统边界，勾勒出未来时尚的惊艳蓝图。这一系列服装体现了现代科技、智慧和美学的完美交汇，塑造出引领时尚潮流的创新时代。采用超级纤维科技面料，质地柔软且具有超强韧性，为穿着者提供轻盈、舒适的穿着感受。运用石墨烯技术，赋予服装出色的耐磨、导电、抗菌等功能，将未来科技引入服装，提升服装的品质和科

图 4-14　AI 服装设计：未来星辰系列——时间裂缝
（图片来源：小红书 LCK）

技感。结合智能技术，运用温度感应材料，实现自动调节温度，保持穿着舒适感。运用流畅的曲线和锐利的边角，呈现出独特的外观廓形，增强服装的动感和时尚感。采用多层次立体剪裁技术，结合流线型设计，使服装更贴合人体曲线，展现服装的层次和立体美。在服装廓形中融入流光溢彩的设计元素，如独特的 LED 灯带或光纤装饰，使服装在光线下呈现出变幻多彩的效果，犹如星空闪烁。运用未来感十足的装饰元素，如金属饰片、磁悬浮设计，为服装增添科技感和时尚未来感（图 4-14）。

（2）ANNAKIKI 2022 秋冬系列 Ready-to-We

除了用面料打造未来感外，夸张的廓形也能呈现出未来的特点。国内品牌 ANNAKIKI 通过不规则的波浪袖营造未来异世感，并通过银色线条的装饰勾勒出胸甲的边缘，使整个造型充满了科幻风（图 4-15）。

（3）黄海宁《不完美进化》

《不完美进化》这一服装系列作品，其灵感深刻植根于"寂化"这一主题，巧妙地融合了艺术、科技与日益增长的生态意识，探讨了人类面对环境变迁时的心理状态与行为模式，尤其是在寻求庇护与自我表达之间的微妙平衡。这一系列通过服装的形态、材质与功能的创新，展现了人类在不完美进化过程中的适应与转变，以及对柔软舒适与包裹性需求的深刻洞察。系列的核心灵感"寂化"，既是对现代生活中人们内心孤独感与疏离感的隐喻，也是对自然界中万物归于宁静、寻求平衡状态的描绘（图 4-16）。

图4-15 ANNAKIKI 2022秋冬系列
Ready-to-We

图4-16 《不完美进化》展示板
（图片来源：2023年中意青年未来时尚
设计大赛获奖作品——服装设计）

（4）未来服饰设计：电能自供服饰设计

随着新兴技术的不断发展，新的设计观点和设计理念也相继涌现。
"在不久的将来，每一个个体能否成为分布式能源系统中的一个节点？"
电能自供服饰设计整合当下前沿柔性技术与分布式能源技术，以服饰搭
载产能模块与各功能模块，将当下前沿柔性技术和分布式能源技术整合
在未来服饰上。坚持以人为本的设计理念，将前沿科学技术与分布式设
计理念相结合。通过新材料、新技术与设计的整合创新，将服饰转化为
分布式的能源个体，探索未来服饰与清洁能源之间的可能性，助力更可
持续的服饰设计发展（图4-17）。

4.2.5 未来服饰的机遇与挑战

随着市场的不断扩大和消费者需求的多样化，越来越多的品牌和企
业涌入服饰行业，市场竞争日益激烈。如何在众多竞争者中脱颖而出，
成为服饰品牌面临的一大挑战。现代消费者对于服饰的需求不再局限于
基本的功能性，而更加注重个性化、时尚感和品质。消费者需求的快速
变化要求服饰品牌具备敏锐的市场洞察力和快速响应能力，以满足消费

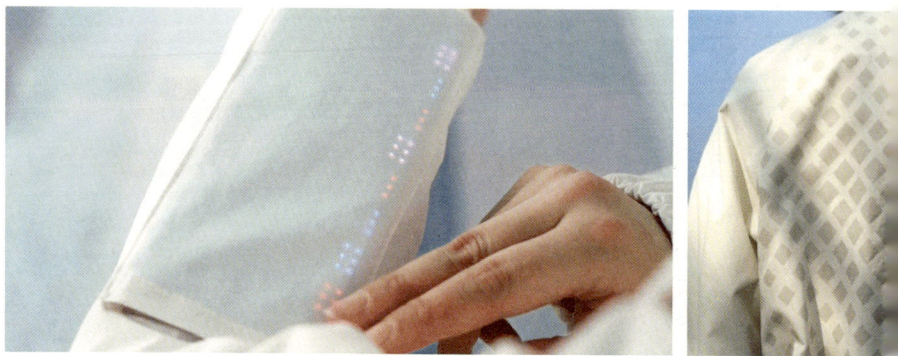

图 4-17　未来服饰设计：电能自供服饰设计[1]

者的多样化需求。科技的快速发展为服饰行业带来了许多创新的可能性，但同时要求服饰品牌紧跟技术潮流，不断投入研发和创新。迅速的技术更新和迭代使得服饰品牌需要持续投入资金和人力资源以保持竞争力。随着全球环保意识的提高，消费者对于环保和可持续性的要求也越来越高。服饰品牌需要在保证产品质量和设计感的同时，注重环保材料的选用和生产过程的可持续性，以满足消费者对环保和可持续性的追求。服饰行业的供应链较长且复杂，涉及原材料采购、生产加工、物流配送等多个环节。供应链中的任何一个环节出现问题都可能对服饰品牌造成重大影响。因此，如何建立稳定、可靠的供应链体系成为服饰品牌面临的重要挑战之一。

　　随着智能穿戴技术、高科技材料等科技的不断创新和应用，服饰行业将迎来更多的发展机遇。例如，智能穿戴技术可以赋予服饰更多的功能性，高科技材料则可以为服饰带来更好的舒适度和耐用性。这些科技创新将为服饰品牌提供更多差异化竞争的机会。随着发展中国家经济的发展和消费者收入水平的提高，以及新兴市场的发展，服饰市场的潜力将进一步释放。随着人们生活水平的提高和消费观念的转变，消费者对

---

① 唐欣琦、宋佳珈、杨洪君：《未来服饰设计：电能自供服饰设计》，《设计》2022年第35卷第14期。

温度&体感温度

Aggregate·F

于服饰的需求不再局限于基本穿着需求，而是更加注重品质、品牌、时尚和个性化。这将促使服饰市场进一步扩容并细分化，为服饰品牌提供更多市场机会和发展空间。这些市场将成为服饰品牌拓展业务的重要目标市场之一。通过深入了解当地消费者的需求和文化背景，服饰品牌可以开发出更加符合当地市场需求的产品并赢得消费者的喜爱和信任。随着互联网技术的发展和电子商务的兴起，线上线下融合的新零售模式将成为服饰行业的重要发展趋势之一。通过线上线下融合的方式，服饰品牌可以更好地满足消费者的多元化购物需求并提高客户体验和服务质量。这将为服饰品牌带来更多的销售渠道和市场机会。随着全球环保意识的提高和消费者对环保和可持续性要求的增加，注重环保和可持续性的服饰品牌将更容易获得消费者的认可和信任。因此，将环保和可持续性理念融入产品设计和生产过程中将成为服饰品牌新的竞争优势之一。这将有助于服饰品牌树立积极的企业形象并提高品牌价值和市场地位。

综上所述，未来服饰行业既面临着市场竞争加剧、消费者需求快速变化、技术更新迭代迅速等挑战，也拥有科技创新带来的新机遇、消费升级带来的市场扩容、新兴市场、发展中国家的潜力，以及线上线下融合的新零售模式等机遇。服饰品牌需要积极应对挑战并抓住机遇，以实现可持续发展和不断创新的目标。

参考文献

[1] 崔荣荣.中国传统纺织服饰图案研究述评及价值阐释 [J].包装工程，2022, 43(6): 11-23, 401.

[2] 郝习波，赵彩莉，刘国亮.形状记忆聚氨酯在纺织服饰领域应用的研究进展 [J].毛纺科技，2023, 51(11): 113-118.

[3] 潘蕾蕾，范硕，王宇轩，等.吸声隔音功能纺织材料的研究现状及进展 [J].现代纺织技术，2023, 31(6): 216-225.

[4] 刘月娟，傅宏俊，李树锋，等.基于纺织材料的柔性外骨骼机器人研究现状 [J].毛纺科技，2022, 50(11): 119-127.

[5] 崔淼.新型纺织纤维性能及应用前景研究 [J].中国标准化,2024(12):143-146.

[6] 艾鹏，刘静，李鑫.纺织纤维基柔性电极材料的构筑及电化学性能研究 [J].上海服饰，2023(3): 191-193.

[7] 赵培生，陈梦祎.浅析元宇宙时代下数字服装对现代创意设计的推动 [J].染整技术，2024, 46(1): 108-110.

[8] 聂耀阳，张丹.智能服饰未来发展走向浅析 [J].轻纺工业与技术，2021, 50(2): 55-57.

[9] 唐欣琦，宋佳珈，杨洪君.未来服饰设计：申能自供服饰设计 [J].设计，2022, 35(14): 12.

[10] 周建鑫.电致发光产品在未来风格服饰设计中的应用研究 [D].沈阳：鲁迅美术学院，2021.

[11] 罗密.基于科学技术的服装面料的发展现状与分析 [J].国际纺织导报，2022, 50(11): 40-43.

[12] 王梓霖.未来时尚：新媒体互动技术在服装设计中的应用研究 [J].艺术

市场，2024(6):52-54.

[13] 王欣然，王婧 . 未来主义风格服装探析 [J]. 辽宁丝绸 ,2023(2):7-8，40.

[14] 胡浩淼 . 浅谈可持续理念在当代服装设计中的方法与应用 [J]. 新美域，
2023(1): 107-109.

5

绿色建筑设计

5.1 绿色建筑发展背景与概念

5.1.1 绿色建筑发展背景

（1）资源、环境危机与可持续发展思想的提出

18世纪60年代的工业革命，化石能源（煤炭、石油、天然气等）作为主要动力源，改变了传统的能源结构。20世纪60~70年代出现的能源危机使人类逐渐认识到，人类赖以生存和发展的资源和环境正在遭到破坏。1992年，在巴西里约热内卢召开了联合国环境与发展大会（简称UNCED），会议通过了《里约环境与发展宣言》和《21世纪议程》，将可持续发展作为全球的发展战略，并在全球性政策的制定上达成了共识。

（2）建筑能源消耗、环境影响与节能低碳要求

能源消耗层面，建筑业是大量消耗资源和能源且对生态环境产生多方面影响（如温室气体排放）的产业，尤其是建造和运行两阶段。据统计资料显示，一个国家的建筑运行能耗占能耗总量的25%~40%，如果再加上建材的生产运输以及建筑建造和拆除过程的能耗，该比例将会上升至约50%。环境影响层面，据欧盟能源研究机构的统计，大约3/4的能量消耗以及大约相同级别的碳化合物排放来自建筑和交通。据《中国建筑能耗研究报告（2020）》显示，中国建筑建造和运行环节的碳排放量占全国碳排放总量的近三成（约29%），若加上相关建材生产环节的碳排放，则建筑全生命周期的碳排放总量达到51.43亿吨，占比超过一

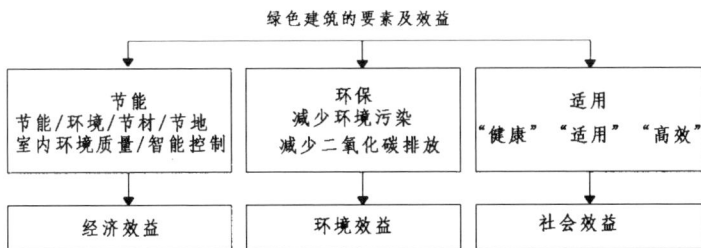

图 5-1　绿色建筑三大要素及三大效益

半（约 51%）。2020 年底，《中华人民共和国国民经济和社会发展第十四个五年规划和 2035 年远景目标纲要》中提出了双碳目标。节能低碳成为建筑发展的新需求。

　　自 20 世纪 70 年代开始，面对严重的能源危机和环境问题，人们认识到在建筑的发展和建设过程中必须坚持可持续发展道路，以减少能源消耗和对环境影响的压力。如何做到既改善人居环境品质，又提高资源和能源的有效利用，减少污染，保护环境，成为建筑行业发展面临的关键问题。"绿色建筑"的概念便在这样的社会背景下应运而生（图 5-1）。

5.1.2　绿色建筑概念

（1）绿色建筑定义

　　自 20 世纪 60 年代以来，绿色建筑在全球范围内得到了持续和广泛的关注。国际绿色建筑委员会对绿色建筑的定义为：绿色建筑是一种在其设计、建造或运营中能够减小或消除负面影响，并可对我们的气候和自然环境产生积极影响的建筑。美国环保署对绿色建筑的定义为：绿色建筑是在建筑的整个生命周期中，从选址到设计、施工、运营、维护、翻新和拆除，创建结构和使用对环境负责且节约资源的做法。这种做法扩展并弥补了传统建筑中关于经济性、实用性、耐用性和舒适性的考量。

　　我国对绿色建筑（green building）的定义，比较权威的是《绿色建筑评价标准》（GB/T 50378—2019）：在全寿命期内，节约资源、保护环境、减少污染，为人们提供健康、适用、高效的使用空间，最大限度地实现人与自然和谐共生的高质量建筑。该定义可以被理解为：绿色建筑理念体现在建筑全寿命周期内的各个时段，即指建筑从最初的规划与设计、材料构件的生产加工与运输，到随后的施工建设、运营管理及最终拆除，形成了一个全寿命周期；绿色建筑应充分体现安全耐久、资源节约、健康舒适、生活便利、环境宜居五大指标体系。

（2）绿色建筑要素及效益

绿色建筑应坚持"可持续发展"的建筑理念，坚持低能耗、高科技的精细化道路，注重建筑环境效益、社会效益和经济效益的有机结合。如图5-1所示，绿色建筑的定义体现了绿色建筑的三大要素与三大效益[1]。

（3）绿色建筑发展现状

我国绿色建筑历经十余年的发展，从国家到地方、从政府到公众，全社会对绿色建筑的理念、认识和需求逐步提高。绿色建筑蓬勃发展，已实现从无到有、从少到多，从个别城市到全国范围，从单体到城区、城市规模化的发展。绿色建筑实践工作稳步推进，绿色建筑发展效益明显。2006年，我国首部《绿色建筑评价标准》（GB/T 50378—2006）发布实施。直辖市、省会城市及计划单列市的保障性安居工程已全面强制执行绿色建筑标准，实现绿色建筑的落地实施。2013年，国家《绿色建筑行动方案》提出大力促进城镇绿色建筑发展，直辖市、计划单列市

---

[1] 杨凌：《新时期绿色建筑设计研究》，西北农林科技大学出版社，2020年，第3页。

及省会城市的保障性住房以及单体建筑面积超过 2 万平方米的机场、车站、宾馆、饭店、商场、写字楼等大型公共建筑，自 2014 年起全面执行绿色建筑标准。截至 2020 年底，全国城镇累计建成绿色建筑面积超过 66 亿平方米，累计建成节能建筑面积超过 238 亿平方米，节能建筑占城镇民用建筑面积比例超过 63%，全国新开工装配式建筑占城镇当年新建建筑面积比例为 20.5%。国务院确定的各项工作任务和"十三五"建筑节能与绿色建筑发展规划目标圆满完成。

2022 年，《"十四五"建筑节能与绿色建筑发展规划》部署了进一步推进绿色建筑发展的重点任务和重大举措。重点任务包括：提升绿色建筑发展质量、提高新建建筑节能水平、加强既有建筑节能绿色改造、推动可再生能源应用、实施建筑电气化工程、推广新型绿色建造方式、促进绿色建材推广应用、推进区域建筑能源协同、推动绿色城市建设。保障措施包括：健全法规标准体系、落实激励政策保障、加强制度建设、突出科技创新驱动、创新工程质量监管模式。

（4）绿色建筑重要性

绿色建筑通过高效利用能源，采用环境友好材料，有效减少资源消耗和环境负荷；改善室内空气质量，提升居住者的生活质量；能够降低长期运营成本，为社会经济带来实质性的益处。作为技术创新的推动者，绿色建筑不仅在建筑行业中发挥示范作用，更为全球环境问题的解决提供了创新性解决方案，引领着社会朝向更加环保和可持续的发展方向迈进。

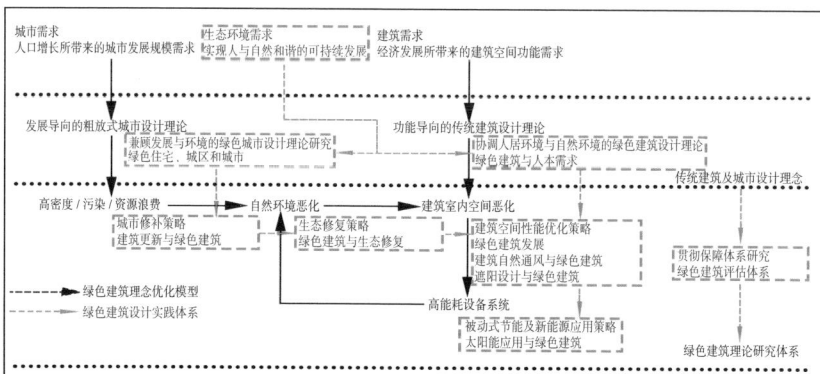

图 5-2 绿色建筑研究内容①

5.2 研究内容、关键技术问题及专家观点

5.2.1 研究内容

绿色建筑涵盖了规划、设计、建设、材料、评价、使用及维护各个环节；涉及专业项目众多，如科学规划、合理设计、现代化施工、新型材料研制与材料节约、智能开发与智能化管理等，其中绿色建筑设计研究内容大致分为三大体系（图 5-2）。

（1）绿色建筑理论研究体系

包括能源利用与节约、水资源利用与节约、新型材料使用与节约、耕地保护与节约、低碳环保、数字化开发与利用、人居环境研究等。与传统建筑研究体系的本质区别是，绿色建筑研究体系引入生态环境作为新的变量，终极目标不再仅仅是实现人类发展，更是通过绿色建筑使人类与自然和谐统一。绿色建筑并非一种建筑类型，而是一种底层的设计理念，涵盖建筑设计、城市设计以及更大尺度的城市规划等建筑学的各

①宋德萱，朱丹：《绿色建筑设计概论》，华中科技大学出版社，2022年，第4页。

个领域的完整体系。绿色建筑研究体系的主要研究对象是人工环境与其所在的自然环境之间的互动关系。目前，绿色建筑理论研究体系主要由三部分组成。

①**生态环境研究：** 主要内容包括对土地、水、空气、能源等自然资源的研究以及对气候、环境特点等地域环境的研究等。

②**建筑设计研究：** 主要内容包括对建筑设计的相关活动、设计流程、建筑技术等方面的研究。

③**社会经济研究：** 主要内容包括对社会和个人的需求、人的需求与生态需求之间关系的研究。

传统建筑体系的目标是建立一个基于人类发展需求，凌驾于自然界之上的人工环境。在这样的建筑研究体系中，满足个人以及社会的发展需求是第一要素。这种营建过程以大量消耗自然资源和大量排放废弃污染物为特征，是一种典型的"粗放式"发展模式。相比之下，绿色建筑体系以维护生态平衡、保护人类生存环境为目标，其核心就是按照生态原则调整人类的行为模式。人们应将自身视为生态系统的一部分，意识到建筑系统作为一个次级系统依存于地域性的上层环境，是生态系统中连续的能量与物质流动的一个环节和阶段。

（2）绿色建筑设计实践体系

绿色建筑设计实践体系是基于绿色建筑理念，顺应自然，结合绿色建筑技术进行的建筑设计，其目标是通过建筑设计实现人与建筑、环境之间的和谐稳定。其设计原则为协同性原则、地域性原则、高效性原则、自然性原则、健康性原则、经济性原则、适应性原则。

（3）绿色建筑评价体系

20 世纪 90 年代以来，许多国家和地区制定和完善了各自的绿色建筑标准与评价体系，如英国的 BREEAM 体系、美国的 LEED 体系、加拿大的 GBC 体系、澳大利亚的 NABERS 体系和日本的 CASBEE 体系等。我国现行《绿色建筑评价标准》（GB/T 50378—2019）。

5.2.2　关键技术问题

综上所述，《绿色建筑评价标准》（GB/T 50378—2019）中每个条目提到的关键技术，主要从节地与室外环境、节能与能源利用、节水与水资源利用、节材与材料资源利用、室内环境质量、运营管理六个方面阐述绿色建筑设计及运营阶段需要满足的关键技术问题。

5.2.3　绿色建筑专家观点

以下观点源于国际绿色建筑联盟编著的《绿色建筑专家访谈2021》：

①缪昌文（中国工程院院士、国际绿色建筑联盟主席、东南大学学术委员会主任）。缪昌文院士长期从事土木工程材料理论研究与工程技术应用研究。在混凝土抗裂关键技术的研究、重大基础设施工程服役寿命及耐久性能提升技术的研究、多功能土木工程材料的研发等方面取得了多项成果。

观点：紧抓机遇加快推动绿色低碳发展。水泥基材料仍是我国工程建设的基础结构材料，在高速铁路、水电工程、公共设施、居民住宅中广泛使用，消耗量巨大。水泥基材料具有单位成本低、力学性能优异的特点，现在，碳中和目标对其绿色化、低碳化、长寿命提出了更高要求，所以，当务之急是要加快研究绿色低碳建筑材料关键技术。

②仇保兴（国务院参事、住房和城乡建设部原副部长、国际欧亚科学院院士、城镇化理论与城市规划研究专家）。仇保兴参事在任住房和城乡建设部副部长期间，四十多篇咨询报告获得国务院总理批示。

观点：多措并举实现建筑全生命周期碳减排。城市内部的绿化也具有显著的综合减碳效应。城市内部绿化对于碳汇的作用其实很少，但这类绿化一旦合理布局就会产生间接而且巨大的综合减碳作用。行道树木和小型园林中的乔木能够通过水蒸发和遮阳效应达到明显的环境降温作用，能够促使民众减少使用空调，从而间接地实现节能减碳。

③崔愷（中国工程院院士、中国建筑设计研究院有限公司名誉院长、总建筑师）。崔愷院士长期致力于建筑创作及学术研究，主持国家和地方重要建筑设计 130 余项。倡导并推动中国建筑本土创作与创新研究，提出"本土设计"创作理论。

观点：着眼未来，用设计提升绿色建筑品质。传统技术构建下的建筑，无论是建造还是使用都要依赖于能源消耗。未来，随着各类技术水平的提高，建筑能不能变成产能建筑，利用建筑本身材料、屋顶界面等，将吸收的太阳能转化成光与热，既有温度的控制，又有光线的导入，用这种方法减少能源消耗，是有可能的。

④王建国（中国工程院院士、东南大学教授）。王建国院士长期从事城市设计和建筑学领域的科研、教学和工程实践工作。在中国首次较为系统完整地构建了现代城市设计理论和方法体系，从技术层面揭示了城市空间形态的建构机理，初步破解了城市建设中有关高度、密度、风貌优化和管控等方面的城市设计难题，并在城镇建筑遗产多尺度保护领域取得国际领先的重大成就。

观点：城市更新与城市魅力。 随着经济社会的发展，城市的新陈代谢与更新迭代是必然的，我们不能固守旧的生活方式，但我们必须让居民感知到这一更新迭代是有前提的，历史上那些优秀的生活方式、交往方式及物质印记都要能在今天延续下来。

⑤刘加平（中国工程院院士、西部绿色建筑国家重点实验室主任、西安建筑科技大学设计研究总院院长）。刘加平院士长期从事绿色建筑及建筑节能领域的基础研究、教学和应用推广工作，在西部绿色建筑和太阳能富集区超低能耗建筑的设计原理与方法等方面作出突出贡献。

观点：因地制宜、开展既有建筑绿色化改造。 建筑碳减排需要每一栋建筑、每家每户共同行动。当然，建设行业除了做好建筑节能工作，减少能源消耗外，还应该减少水资源、建筑材料等其他资源的消耗。减少任一资源消耗，也就减少了能源消耗，从而实现碳减排。

⑥孟建民（中国工程院院士、深圳市建筑设计研究总院有限公司总建筑）。孟建民院士长期从事建筑设计及其理论研究工作，主持设计了江统役纪念馆、玉树抗震救灾纪念馆、香港大学深圳医院等各类工程项目 200 余项。

观点：着眼建筑健康实现全方位人文关怀。要让建筑的配套设施和功能充分发挥作用，对既有建筑的运营数据进行动态评估、调试；通过评估与后评估手段，实现建筑精细化管理；完善政策机制和技术标准，对运行能耗等数据不达标的建筑进行改造优化，以深入、扎实的行动助力建筑领域减碳目标的实现。

⑦吴志强（中国工程院院士、同济大学教授）。吴志强院士长期致力于城市规划理论研究和工程实践，建立的"生态理性"规划理论在专业领域有重大影响，在城市规划和工程应用中取得了显著成效。

观点：紧抓数字化机遇，领跑绿色建筑未来之路。数字化新时代到来，传统依赖于能源资源与环境消耗的发展方式需要改变，应以更少的资源索取实现更高的建设成效，这对相关技术提出了更高的要求。随着人工智能时代的来临，绿色建筑必然融合智慧数字化，这是时代的必然。

⑧岳清瑞（中国工程院院士、北京科技大学城镇化与城市安全研究院院长）。岳清瑞院士一直致力于工程结构诊治、FRP 新材料及结构应用、城镇建筑与基础设施安全领域的理论研究、技术开发、标准编制、工程应用和产业化工作。

观点：碳减排目标下的建筑业转型思考。"十四五"期间，建筑业在数字化和智能化建造与运维方面会有很大的变革。倡导"EPC 总承包"模式，将设计和施工结合起来，这种建设模式的转变，也会对建筑行业转型升级带来深刻影响。

5.3 绿色建筑新技术及案例

5.3.1 AIGC 生成式人工智能技术

随着人工智能技术的飞速发展，AIGC 技术已成为设计领域的重要组成部分。

AIGC 技术具有高度智能化、多样化、个性化、实时性、交互性和多模块结合等特点，其中高度智能化是指其借助深度学习、机器学习和自然语言处理等先进技术，使得设计的生成过程能够更加智能化和自动化。通过深入学习和分析大量图像、艺术品和设计作品，AIGC 能够感知并学习各种风格和创意元素，从而创造出更具有艺术性和创意性的作品，以更高效的生产方式满足人们不断增长的需求和创新的应用场景。

其主要设计流程包括确定设计目标（idea）、选择合适的生成模型（model）、设计输出（output）、反复迭代（iteration）。实际操作中需根据具体设计项目和要求进行调整和扩展，同时在设计过程中持续优化和改进，达成 AIGC 设计创新的有效性。

（1）AIGC 技术对建筑设计的影响与应用

①**客户需求分析：** 分析客户的需求并反馈互动，以生成与客户期望相符的设计方案，通过对文字命令的处理和机器的自学习技术，AI 可以更好地探索和理解客户的需求，帮助设计师提供更符合客户期望的设计方案。

（a）手绘草图　　　　　　　（b）AI 设计的建筑效果图

图 5-3　AIGC 技术应用

②**数据驱动设计：**分析和处理大量建筑数据，包括土地利用数据、气象数据、历史建筑数据等，从而优化建筑设计，帮助建筑师更好地理解项目所在的环境，提高建筑的适应性和可持续性。

③**创新性设计：**帮助生成创新性设计概念，通过分析大量建筑数据和设计原则，提供新颖的设计思路，助力打破传统设计的思维局限，创造出更具创意和独特性的建筑。

④**设计优化：**在设计过程中进行多次迭代，优化建筑方案以满足不同的设计目标，如性能、成本、可持续性等，这有助于创建更有效和功能更强大的建筑作品。

⑤**可持续性设计：**帮助设计师优化建筑的可持续性性能，包括能源效率、材料选择、废弃物管理等，这有助于减少建筑的环境影响，满足可持续发展的要求。

⑥**建筑施工运维管理：**应用于建筑施工和运维阶段，通过机器学习和物联网技术，实现建筑的自动化监测和运维管理，提高建筑的可靠性和维护效率。

⑦**自动化生成：**实现设计过程的某些工作，如草图生成、建筑平剖面图、空间组织等，从而加速设计过程。

⑧**可视化和仿真模拟：**生成建筑的三维模型达到可视化效果，帮助设计师和客户更好地沟通。例如，AI 可以实现将过于抽象的设计手稿，转化成易于读懂及富于表现力的可视化图纸。图 5-3 为 AI 根据建筑大师扎哈·哈迪德（Zaha Hadid）的设计手稿设计的建筑效果图。此外，它还可以进行仿真分析，如光照分析、风流模拟等，以评估建筑性能。

（2）建筑空间意象生成方法的路径

常见的 AI 模型及其特点如下（表 5-1）。

表 5-1 AIGC 技术背景下常见的 AI 模型

模型名称	Midjourney 生成模型	Stable Diffusion 扩散模型	Point-E 生成模型	Dreamfileds-3D 生成模型
生成类别	2D 图片	2D 图片	3D 点云模型	3D 模型
AI 模型特点	模型不开源，根据文字可以生成相应图片内容，质量较高	模型开源，根据文字生成 2D 图片，通过训练才能生成精度更高的图片	通过文字生产 3D 点云图片	通过文字生成 OBJ 格式 3D 模型

①**基于三维模型信息的生成模式：**该模式下通过 SketchUp 体块模型生成有一定建筑信息要素的模型图，通过输入关键词和初始图片进行二维推导；也可通过 Rhino 体块模型生成不同风格的建筑信息要素图像，还可通过真实的三维体块模型生成相应的建筑意象空间；还可通过输入其他非建筑要素的图像生成相应的建筑空间。输入的信息渠道较为多元，可以是二维建模软件中的体块模型图像［图 5-4（a）］，或真实的体块模型图像［图 5-4（b）］，甚至是非建筑要素的图像［图 5-4（c）］。

②**基于二维草图的生成模式：**该模式下可通过输入手绘线稿图，根据相应的人工智能生成网络建筑效果图，生成结果的风格和形式是可控的，设计师可以通过逐步增加关键词 Prompt 的权重，将一张建筑

草图转变为逼真的建筑表现图
（图5-5）。设计师可以在生
成过程中选择任何一个适合的
状态作为最终输出。总的来说，
这个生成模式可以使设计师在
可控的情况下增加更多的设计
细节，从而使设计更加丰富和
精细。不仅如此，还可以用于
生成带有足够多建筑空间信息
的户型图，根据相应的生成边
界线和建筑外轮廓线，生成符
合建筑规范的、空间组织合理
的户型空间。

③**基于关键词和精准信息
的三维模型生成模式：**在该模
式下，CLIP结合相应的生成
算法可以将生成过程朝着提示
语的描述方向进行优化，最终

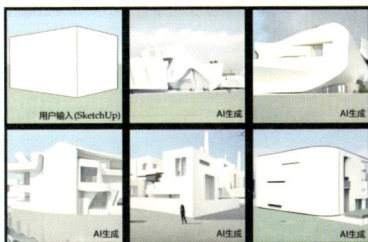

（a）基于SU体块模型的生成模式[1]

（b）基于真实体块模型的生成模式研究[2]

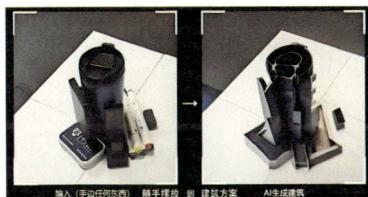

（c）基于非建筑要素的生成模式[3]

图5-4　基于三维模型信息的生成模式

---

[1] 建筑智能研究组，2022，"人工智能代替手工建筑模型制作"。https://www.bilibili.com/video/BVlpg41127pp.

[2] 建筑智能研究组，2023，"在人工智能的帮助下，每个人都能成为自己的建筑师"。https://www.bilibili.com/video/BVlfe411u76d.

[3] 同[1]。

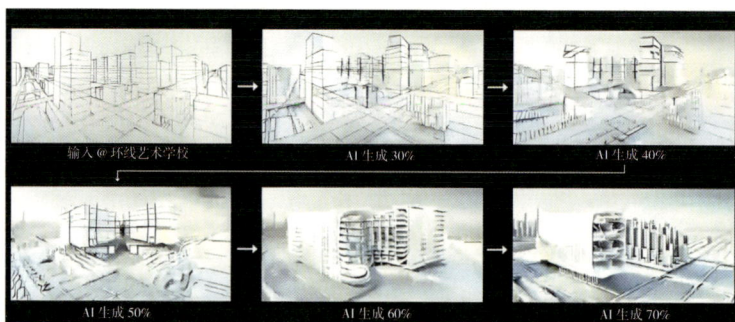

图5-5 基于关键词和精准信息的三维模型生成模式[1]

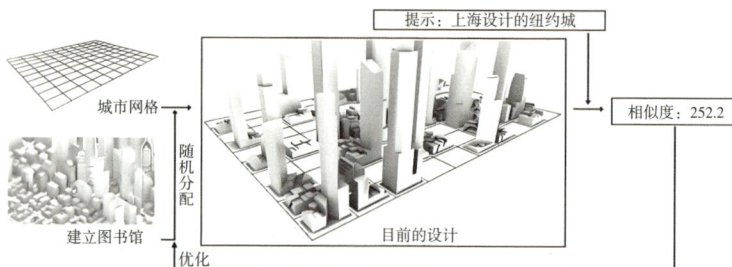

图5-6 基于二维草图的生成模式[2]

得到符合关键词 Prompt 描述的结果（图5-6）。当生成算法应用于三维模型时，可以获得更加精确、更容易控制的三维空间。郑豪教授团队的研究表明[3]，这种模式下的生成结果可以更好地符合设计师的预期，使得设计过程更加高效和精细。

5.3.2 绿色建筑设计 BIM 技术

目前，建筑信息的收集与统计不及时、缺乏准确性，设计过程各专

---

① 建筑智能研究组，2022，"人工智能代替手工建筑模型制作"。https://www.bilibili.com/video/BVlpg41127pp.
② 建筑智能研究组，2022，"如果纽约是由上海的AI设计师来设计的……"。https://www.bilibili.com/video/BVIw14y1H797.
③ 同①。

134

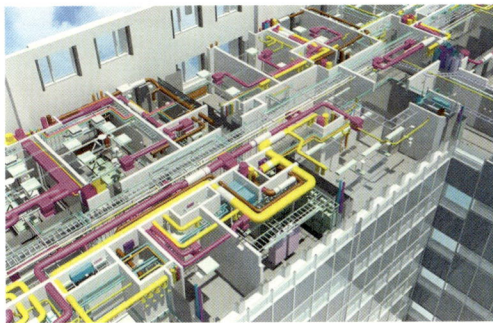

图 5-7　BIM 技术制作的三维模型图[1]

业协同流程繁杂，一直是困扰绿色建筑设计的重要问题。建筑信息模型
（building information modeling，BIM）工具将各项信息记录在建筑
全生命期内，并以此信息数据建立建筑模型，通过项目可视化有效辅助
建筑设计、精细化施工建造、智能及智慧化运营等，为绿色建筑设计提
供详细的分析资料及设计平台，方便各方利用建筑信息指导决策工程过
程（图 5-7）。由于 BIM 具有可视化、协调性、模拟性、优化性和可出
图性的优点，自 2002 年被引进工程建筑行业，BIM 已经成了继图板图
纸到电脑图级革命后又一次二维到三维图纸的产业革命，是绿色建筑设
计的一种新思路。

（1）协同设计下全专业配合

通过统一的 BIM 模型建立工作平台，实现绿色建筑设计过程中全专
业信息共享、即时沟通。项目的甲方、设计方、咨询方等部门可以对模
型赋予、读取与完善各种工程与设计信息，使建筑在设计之初就考虑绿
色建筑设计要求，将绿色建筑设计理念、技术手段、新型材料应用等融
入建筑设计当中。后期施工方、管理方、材料供应方等更多部门被纳入
工作平台，在一定程度上实现了各方对项目的及时跟进、深入与统一管理，
全方位保证绿色建筑设计的实现。

---

① BIM信息网，2021，"可视化的意义究竟何在？"。https://www.zhihu.com/
question/464151574/answer/2037790414.

（2）多方案性能分析即时比选

目前利用 BIM 技术建立的模型可以实现不同分析软件的模型交互，节省了不同模拟软件中建模的时间，在方案前期对建筑场地进行风环境、声环境等模拟分析；对不同建筑体量进行能耗的模拟，最终选定合适的体量进行下一步的方案深化。这种方案可以节约不必要的设备增量成本，实现绿色建筑"被动措施优先、主动措施优化"的设计原则。

（3）全生命期建筑模型信息完整传递

BIM 模型承载了建筑从概念到拆除的全生命期中所有的信息。绿色建筑则强调建筑在生命期内的各项性能。利用 BIM 模型可以有效解决传统的绿色建筑信息冗繁、容易丢失的问题。建筑模型作为信息的载体将绿色建筑要求的材料、设备系统等信息完整及时地反映。这些信息不仅包括建筑本身建造后的信息，还包括建筑材料在建造前的产地、设备系统的厂家等附属信息。齐全的信息可以保证在建筑设计阶段各类绿色建筑指标判断的准确与及时，同时使建筑设计与施工管理、运营维护建立有效联系。

基于 BIM 技术体系特点，通过建立一系列的工作流程与信息模板，将绿色建筑设计与传统设计相融合，可以有效解决目前绿色建筑设计过程中存在的问题。这种基于 BIM 模型信息的绿色建筑设计流程，与绿色建筑设计、评价均有良好的对应关系，可以节省工作时间，提高设计效率与质量，具有很高的应用价值。

通过建立对应关系也可以发现，目前的绿色建筑评价标准对于 BIM 模型的利用并不是很充分，很多信息录入的条文在 BIM 模型中可以准确量化，而且对于 BIM 模型的设计深度标准中未做过多规定。随着 BIM 技术与绿色建筑的发展及 BIM 技术与其他技术融合，BIM 模型中大量的信息将在绿色建筑设计中得到更广泛的应用，绿色建筑设计方法也会随之产生巨大的变化。

5.3.3　绿色建筑的智能化运行

建筑智能化通常是指建筑物中安装有多种智能传感器，用于检测应力、沉降、裂缝、腐蚀，以及可能出现的其他问题。如借助环境传感器可检测空气的温度、湿度和污染程度等情况，所有这些信息都能被很快反馈到一个中心处理机构，以保证建筑物的可靠及居民的安全与健康。

建筑智能化技术主要包含照明监控系统、信息网络子系统、外遮阳装置以及空调系统等。在绿色建筑中，智能技术具有十分重要的作用。绿色建筑智能化即建筑物以"可持续"（既满足当代人的需要，又不损害后代人满足需求的能力）为核心，通过智能化手段与绿色理念的融合来实现人、资源、环境三者的最优化发展。

绿色建筑的智能化，一方面可以使绿色建筑在实际运行的过程中通过自控的方式抵消人工管理方面的随意性、不可靠性、粗放性。另一方面，借助于先进的传感器技术，可以对建筑在运行过程中的各方面信息进行及时的整理与汇总，为绿色建筑研究提供丰富的研究素材。在我国已经有多个城市的公共建筑建立了基于计算机控制网络技术的开放式智能监测控制系统，并实现计算机控制网络与数据网络的一体化集成，以实现对建筑能耗和室内热湿环境及空气质量的远程监测控制，最大限度地减少建筑对能源的需求，减少环境污染，以实现城市经济建设可持续发展的目标。由于智能化系统的监控和信息管理作用，使得其在室内环境控制中占据了至关重要的地位。

绿色建筑的智能化应用场景如下。

（1）楼宇自动化系统

楼宇自动化系统主要是通过对计算机、传感器以及自动控制等技术的运用，对建筑中的供配电、给排水、电梯、空调、通风以及照明等系统进行监控与管理的系统，进而为建筑设施的稳定高效运行提供保障。可以自动控制机电设备的开启与停止操作，还能够实现远程控制检测储存设备运行情况与故障报警信号，保证设施的正常运行。例如，运用楼宇自动化系统的变频节能技术，能够大大缩短设备的运行时间，使设备的运行强度降低，最终达到节能降耗的目标。

（2）智能照明系统

智能照明系统是运用照明接触器、传感器等先进技术，在建筑物的外部与内部分别安装节能灯具，按照建筑物自身的照明需求，选取适宜的照明水平（图5-8）。智能照明系统既能满足建筑照明需求，又能实现节能降耗减排、调节光效，延长灯具寿命的目标。

（3）智能遮阳板控制系统

智能遮阳板控制系统主要利用亮度传感器来自动控制遮阳电机。在建筑中应用智能遮阳板控制系统，能够根据阳光的强弱以及照射角度等

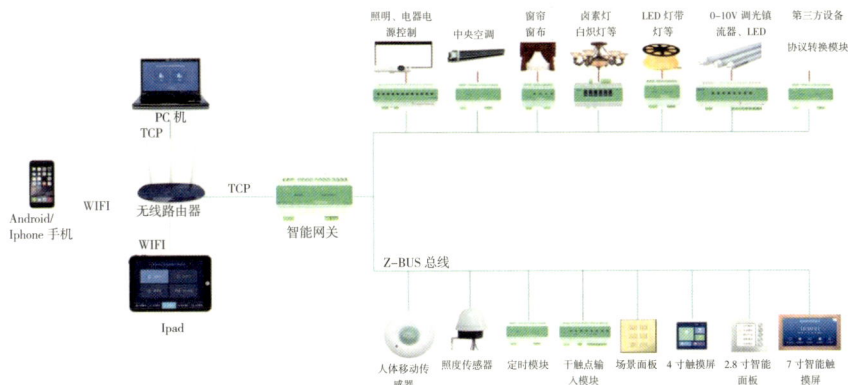

图 5-8　智能照明系统[1]

来调节遮阳板开启、停止与转动角度
（图5-9），以免阳光直射建筑物与
居住者。例如，在炎热的夏季，通过
对智能遮阳板控制系统的运用，就可
以很好地遮蔽阳光，使透过窗户的热
量减少，以适当降低室内温度；冬季，
通过对智能遮阳板控制系统的应用，
能够使阳光利用率有效提升，提高室
内舒适度，具有节能减耗、绿色环保
的优点。

图 5-9　智能遮阳板控制系统
（图片来源：住控官方网站）

（4）信息集成系统

　　在现代绿色建筑中，为了建立一套完整的信息集成系统，需要合理
应用全面分析技术、集中采集技术以及智能管控技术等，将各子系统的
能力充分发挥出来。一般来讲，智能建筑信息集成系统主要包含楼宇自
控系统、网络系统、地热、水源热泵系统以及火灾自动报警系统等，通
过将各个子系统进行有效结合，就可以实时监控与管理建筑内的设备

① 智惠联智能照明系统，2021，"大型会议中心智能照明方案"。https://baijiahao.
baidu.com/s?id=17200158606000950507.

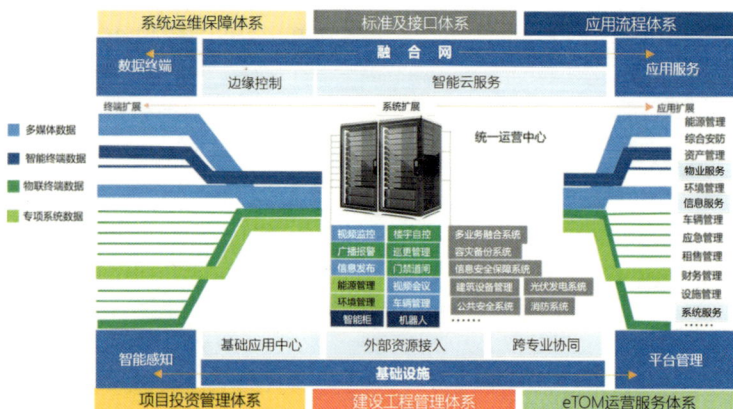

图 5-10　信息集成系统
（图片来源：北创网联官方网站）

（图 5-10）。除此之外，通过对智能建筑信息集成系统的应用还能够全面分析各子系统之间的数据和系统信息，统一调度建筑中各项设备，进而使建筑运行能耗降低。

同时，在绿色建筑中应用设备信息集成系统，能够实现对建筑设备的实时巡查，并按照设备的运营需求，合理调节与分配设备的运行时间、维护以及运行负荷等，这样就可以确保设备长时间处于最佳的运行状态，可以延长设备的使用寿命。将智能建筑信息集成系统应用到绿色建筑中，可以更好地采集智能照明、冷热机组以及其他计量设备的运行数据，通过对这些数据进行统计与分析，实现建筑的节能操作。分析各种节能系统的能耗与节能效果，并由此得到设备的节能效率，最终实现绿色建筑的节能、环保目的。

5.3.4　绿色建筑设计案例

星耀樟宜综合体（Jewel Changi Airport）作为新加坡樟宜机场新增设的标志性绿色建筑于 2019 年 4 月建成并投入使用。这座连接 T1、

T2 和 T3 号航站楼的综合体（图 5-11），面积达 13.57 万平方米，高 10 层楼（地下 5 层、地上 5 层）（图 5-12），耗资 17 亿新币（折合 85 亿人民币），力争打造一个梦幻星空花园，是集景观花园、商业餐饮（可容纳 300 家商店和餐厅）、购物住宿、休闲游乐等多功能于一体的综合大楼（图 5-13）。整个建筑外观犹如一个巨型的甜甜圈，由 200 米跨度的巨大玻璃钢构穹顶覆盖，其间隔性的支撑形成了一个近乎无柱的内部空间，40 米高的瀑布奇观惊艳世界，成为新加坡规模最大的室内景观花园。该项目不仅为国际航空旅客提供服务和设施，还为当地居民提供了休闲娱乐的好去处，增强了社区凝聚力。

（1）绿色设计理念与认证

星耀樟宜综合体在设计之初就融入了绿色和可持续的理念，以响应新加坡的气候活动计划和环保号召。这种设计理念强调了建筑与城市环境的和谐共生，着力为使用者提供舒适、便捷、绿色的空间体验。该项目荣获了新加坡建设局颁发的绿色建筑标志超金奖，这是对其在环保、节能、低碳和可持续性方面卓越表现的认可，充分证明了其作为绿色建筑的地位。以下是其主要的节能减排措施（图 5-14）。

（2）生态与自然的融合

星耀樟宜综合体将自然与生态完美融合，提供了一个独特的绿色空间，设计核心是"雨漩涡"与"森林谷"。

①**微气候效应：** 40 米高的"雨漩涡"是世界上最大的室内瀑布，从玻璃屋顶中心的孔洞穿越多层花园倾泻而下，创造出令人叹为观止的视觉效果和被动式降温的微气候（图 5-15）。瀑布形成的微气候效应与建筑

图 5-11　星耀樟宜综合体外形图

图 5-12　星耀樟宜综合体剖面图

图 5-13　星耀樟宜综合体平面图

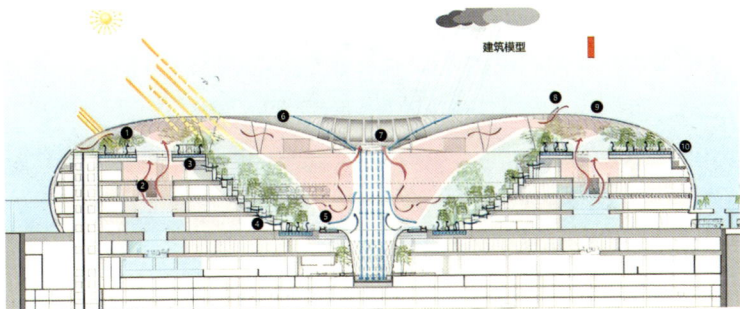

图 5-14 星耀樟宜综合体绿色措施

内部的冷却系统协同调节，对室内的热环境产生了很大影响，有效降温达5℃，有助于空间的降温（图5-16）。

②**自然生态风光**：瀑布四周的圆形"森林谷"花园种植了来自世界各地超过2000多棵树木和10万株灌木，形成了繁茂的自然风光。这不仅降低了建筑内部的温度，提高了楼内空气质量，还美化了环境，提升了访客的生态体验。

（3）节能与能源利用

①**参数化能源模型**：通过定制设计的参数化能源模型软件，优化建筑能源管理系统，如幕墙透光率、遮阳设计、空调系统设计、植物需要的日光小时数等。

②**能源效率系统**：采用了先进的冷却系统，如集成置换式冷却系统，隐藏在梯田植被中，并非对整个内部空间进行调节，仅对人居空间的地上1.5米内空间的微环境进行冷却，提升了能源利用效率。

③**天窗采光**：建筑内部设有大量天窗，用于自然采光，以减少白天对人工照明的需求，降低了照明能耗。

④**动态玻璃遮阳系统**：屋顶装有感应器，可探测周围光量，自动调节遮阳系统（图5-17），为各类室内活动提供了高度舒适的空间，并为屋顶下繁茂的植物带来适宜的光照，每年能省下大量电力。

⑤**置换通风系统**：屋顶排烟口排出积聚在屋顶下的热空气。

⑥**太阳能发电**：星耀樟宜采用了太阳能作为部分电力来源，通过在

图 5-15　室内瀑布"雨漩涡"

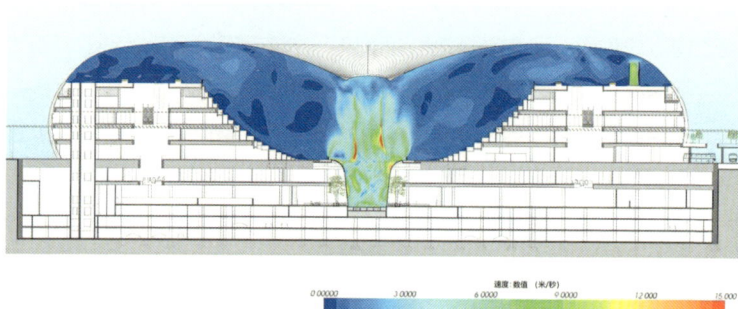

图 5-16　室内瀑布对空气流动和热环境的影响

图 5-17　局部室内玻璃遮阳系统辅助调节

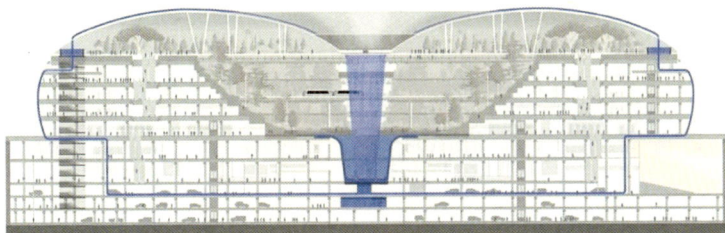

图 5-18　星耀樟宜综合体雨水收集与循环利用示意图

屋顶和其他合适的位置安装太阳能板，将太阳能转化为电能，供建筑内部使用。这有助于减少对传统电力的依赖，降低碳排放。

（4）节水与水资源利用

①**雨水收集与利用：** 新加坡是一个水资源匮乏的国家，星耀樟宜综合体在设计时充分考虑了雨水回收与利用，建筑中设有雨水收集系统（图 5-18）。"雨漩涡"在雨天收集雨水，并自动落入底部，将雨水储存在蓄水箱以供再利用。为了减少自来水消耗，收集的雨水可以打造水景瀑布，瀑布利用再循环的雨水为周边提供冷气和气流；也可用于浇灌花草树木。这种设计不仅节约了水资源，减少了运行成本，还减轻了雨季雨水排放的压力，实现了水资源的循环利用。

②**再生水系统：** 灭火系统、冲洗马桶和冷却循环系统使用再生水，提高水资源的循环利用率。

③**节水器具和设施：** 使用节水龙头（水龙头安装调节器，使水流量由原来的每分钟 6 公升减少到 2 公升）、节水马桶，有效节约用水，降低水资源消耗。

（5）节材与材料资源利用——环保材料

星耀樟宜综合体在设计和建造过程中采用了多种环保材料。

①**特殊涂层玻璃面板：** 应用于建筑外立面和内部空间的玻璃面板（图 5-19），采用三层中空 Low-E+ 特殊涂层的玻璃，能够透射光线促进植物生长，同时减少热量吸收以降低室内温度。这有助于调节室内温度和光照条件，提高能源利用效率。同时为了把飞机噪声降到最低，

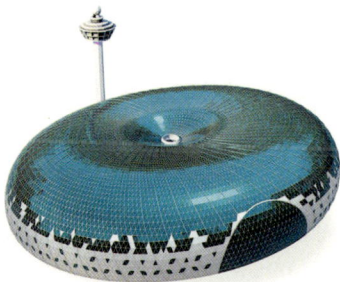

图 5-19　星耀樟宜综合体玻璃穹顶

玻璃有 16 毫米的中空隔音，且要求其具有高安全性和极低的自爆率。

②**可回收降解材料 ETFE 薄膜：**ETFE（乙烯—四氟乙烯共聚物）薄膜是一种改性含氟共聚物。5700 平方米顶篷由两层 ETFE 薄膜组成，具有出色的透光性，让空间充满自然光；具有超轻的重量；超长的使用寿命；自清洁功能；完全可回收并且抗紫外线；有助于提高成本效率并减少碳排放。

星耀樟宜综合体在绿色设计、生态融合、能源管理等绿色设计与技术措施等方面均表现出色，不仅降低了建筑的能耗和碳排放，还提升了室内环境的舒适度和生态性，是当之无愧的绿色建筑典范。

5.4　绿色建筑未来发展趋势

按照习近平总书记提出的"碳达峰、碳中和"重要指示要求，绿色建筑未来将强化建筑全生命周期的"绿"、推动多维联动的"绿"两方面，致力推动绿色建筑"双碳"目标的实现。

5.4.1　强化建筑全生命周期的"绿"

推动将绿色低碳发展理念贯彻到建筑全生命周期，包括规划设计、施工建造、运维管理和更新再利用等环节，从目前侧重建筑节能的设计、

图 5-20　预制装配式建筑墙体构件　　　图 5-21　预制装配式建筑单元房间

施工控制，向碳减排结果导向的建筑全生命周期系统管控转变。一是向绿色建材生产环节延伸，通过"建筑设计选用绿色建材"的关键举措，建立对建材碳排放的管控制度，推动建立建材产品碳排放数据库。二是加强建筑用能环节的管控。三是降低建造环节的资源、能源和人力消耗，大力推动装配式建筑发展（图 5-20、图 5-21）[1]，促进建造方式工业化、建造手段信息化、建造管理集约化和产业化。

5.4.2　统筹自然科技文化等要素，推动多维联动的"绿"

一是重视"自然绿"。从中国"天人合一"传统智慧中汲取经验，吸收不同气候地区的传统民居绿色营建智慧，建设在地性、气候适应性建筑，最大限度利用自然采光、自然通风、自然植物，改善小气候、微循环。在建筑设计中优先选择被动式节能技术（Passive Design）（图 5-22），在城市规划设计中重视生态廊道的建设和通风走廊的管控，不断改善并重构城市、建筑和自然之间的关系。

二是强调"科技绿"。要联合科技部门加强城乡建设领域碳达峰、碳中和关键技术和运用研究，集成运用绿色、数字、智慧等技术，形成可复制、可推广的绿色低碳综合解决方案，如光伏建筑一体化应用、建

---

[1] 孔素平：《京津冀地区预制装配式高层住宅建筑节点构造设计研究》，河北工业大学，2018年。

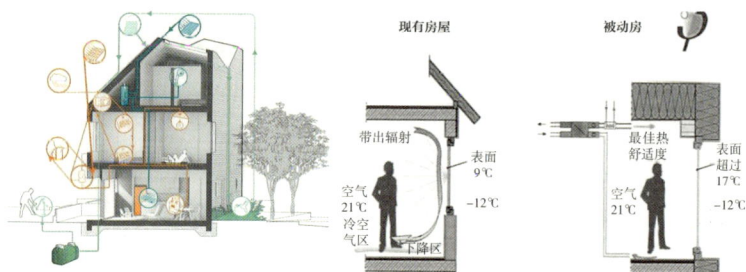

图 5-22　被动式住宅
（图片来源：上海市绿色建筑协会官方网站）

筑运行智慧化管理、建筑储能、区域能源微网等，推动建筑从用能、耗能场所转变为储能，甚至产能的空间。

三是关注"文化绿"。新时代中国的建筑方针已优化为"适用、经济、绿色、美观"，要求建筑师从过去关注建筑形式与美、功能、经济等，转向更加重视艺术与自然、技术的有机结合，通过与结构工程师、设备工程师等的携手合作，运用设计优化和技术集成，有效提升装配式构件、节能设备在建筑应用中的美学效果，使绿色低碳设备设施成为新型建筑材料、新型建筑美学的有机组成部分，从而更好地实现建筑美学、使用舒适和节能减碳的综合效益。

参考文献

[1]　中国建筑节能协会. 中国建筑能耗研究报告 (2020 年)[R/OL]. 2021 [2024-07]. https://www.cabee.org/site/content/24020.html.

[2]　中国建筑科学研究院有限公司，上海市建筑科学研究院 (集团) 有限公司. 绿色建筑评价标准：GB/T 50378—2019[S]. 北京：中国建筑工业出版社，2019.

[3]　吴凯，王嵩，李成. 新时期绿色建筑设计研究 [M]. 长春：吉林科学技术出版社，2022.

[4]　刘经强，田洪臣，赵恩西. 绿色建筑设计概论 [M]. 北京：化学工业出版社，2016.

[5] 宋德萱，朱丹 . 绿色建筑设计概论 [M]. 武汉：华中科技大学出版社，
     2022.

[6] 刘宝刚，刘鸣 . 绿色建筑设计及运行关键技术 [M]. 北京：化学工业出
     版社，2018.

[7] 国际绿色建筑联盟 . 2021 绿色建筑专家访谈 [M]. 北京：中国建筑工业
     出版社，2022.

[8] 黄夔枫，周毅荣 . AIGC 技术下的建筑生成设计方法初探——以 Prompt
     关键词生成建筑意象的整体设计过程为例 [J]. 城市建筑，2023，
     20(15)：202-206, 213.

[9] 贾涛，魏楠 . 数字时代建筑设计的实践与探索 [J]. 时代建筑，2023 (5)：
     26-31.

[10] 徐紫仪 . 星耀樟宜机场综合体，新加坡 [J]. 世界建筑，2020 (6)：76-81.

[11] 新加坡星耀樟宜机场 [J]. 现代装饰，2019 (6)：187.

6

健康产业设计

6.1　大健康产业的发展背景与研究意义

6.1.1　大健康的概念

大健康概念的提出，标志着人类对健康认知的深化与拓展。它不局限于传统医学领域对于疾病的治疗与康复，而是将视野扩展到了更为广泛的生命健康范畴，涵盖了生理、心理、社会、环境等多个维度。

具体而言，大健康包括以下几个核心要素：一是生理健康，即身体各器官系统功能的正常运作与协调，无疾病或疾病得到有效控制；二是心理健康，指个体在情绪、认知、行为等方面的良好状态，能够应对生活中的压力与挑战；三是社会适应健康，强调个体在社会环境中的角色扮演、人际关系处理及社会责任感等方面；四是环境健康，关注个体所处自然环境与人文环境的清洁、安全、和谐与可持续发展。

6.1.2　大健康产业发展背景

大健康产业的蓬勃发展，是多种因素共同作用的结果，其背后蕴含着深刻的社会经济背景与发展需求。

首先，全球人口老龄化的加速是推动大健康产业发展的重要因素之一。随着医疗技术的进步和生活水平的提高，人类平均寿命不断延长，老年人口比例持续上升。老年人群体的健康需求更加多样化、复杂化，对医疗、养老、康复等健康服务的需求急剧增加，为大健康产业提供了广阔的发展空间。

其次，居民健康意识的提升也是推动大健康产业发展的重要动力。随着教育水平的普及和信息传播的便捷，人们对健康的重视程度日益提高。越来越多的人开始关注自身的健康状况，愿意投入更多的时间和金钱用于健康管理、疾病预防和康复保健等方面。这种健康意识的提升直接推动了大健康市场的繁荣。

再次，科技进步特别是信息技术、生物技术、新材料技术等在大健康领域的广泛应用，为产业创新提供了强大的动力。这些技术的应用不仅提高了健康服务的效率和质量，还催生了新的服务模式和产品形态，如远程医疗、智能穿戴设备、精准医疗等，进一步丰富了大健康产业的内涵和外延。由此可见，大健康产业并非传统医疗卫生产业的延伸，其基本区别如表6-1所示。

表6-1 大健康产业与传统医疗卫生产业的区别

项目	传统医疗卫生产业	大健康产业
目标	以治疗疾病为主	以保持健康、预防疾病为主
产业范围	医药	保健品、健康消费品及服务业
适用人群	有疾病的人群为主	普通大众
适用情景	遵医嘱进行手术或服药	在工作、生活、休闲中以多种方式运用

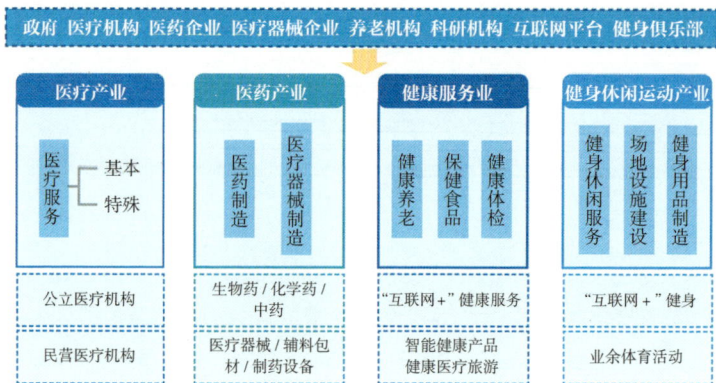

图 6-1　当前大健康产业全景图谱

最后，政府政策的支持和引导也是大健康产业发展的重要保障。近年来，各国政府纷纷出台了一系列促进健康产业发展的政策措施，包括加大健康投入、优化健康资源配置、鼓励创新研发等。这些政策的实施为大健康产业的快速发展提供了良好的外部环境和发展机遇。

6.1.3　大健康产业发展现状

当前，大健康产业正处于快速发展阶段，展现出蓬勃的生命力和广阔的发展前景。从全球范围来看，大健康产业已成为许多国家和地区的重要支柱产业之一，对经济增长和社会发展的贡献日益显著。

在产业结构方面，大健康产业涵盖了医疗服务、医药制造、保健品、健康管理、健康保险、健康旅游、健康养老等多个细分领域。如图 6 1 所示为当前大健康领域涉及的产业图谱。这些领域之间相互关联、相互促进，共同构成了大健康产业的完整生态系统。其中，医疗服务领域是大健康产业的核心组成部分，包括医院、诊所、社区卫生服务中心等医疗机构提供的诊疗服务；医药制造领域则专注于药品、医疗器械等产品的研发、生产和销售；保健品领域则以满足消费者日常保健需求为主；

健康管理领域则通过提供个性化、精准化的健康管理服务来帮助消费者实现健康目标；健康保险领域则为消费者提供健康风险保障；健康旅游和健康养老领域则结合旅游和养老元素为消费者提供综合性的健康服务。

在技术创新方面，大健康产业正不断涌现出新的技术成果和应用场景。比如，基于大数据和人工智能技术的健康管理平台能够实时监测用户的健康状况并提供个性化的健康建议；远程医疗技术则打破了地域限制使患者能够享受到更优质的医疗资源；精准医疗技术则通过基因测序等手段为患者提供个性化的治疗方案等。这些技术的应用不仅提高了健康服务的效率和质量，而且推动了产业的转型升级和高质量发展。

在市场需求方面，随着人们健康意识的提高和生活水平的提高，大健康市场的需求也在不断增长。消费者对健康产品和服务的需求呈现出多元化、个性化的特点。他们不仅关注产品的功效和安全性，还注重产品的品牌和服务体验。这种市场需求的变化促使大健康企业不断创新产品和服务以满足消费者的需求。

6.1.4 大健康产业的研究意义及重要性

大健康产业的研究具有深远的意义和重要的价值。它不仅关乎人类健康福祉和社会和谐稳定，而且涉及经济发展、科技创新等多个方面。

一是大健康产业的研究有助于提升人类健康水平。通过对大健康产业的研究我们可以深入了解人类健康的内在规律和影响因素，探索有效的健康管理和干预措施，从而预防和减少疾病的发生，提高人类整体健康水平。这对于延长人类寿命、提高生命质量具有重要意义。

二是大健康产业的研究有助于推动经济发展。大健康产业作为新兴的战略性产业具有巨大的市场潜力和发展空间，如表6-2所示，其涵盖范围十分广泛。通过对大健康产业的研究，我们可以发现新的经济增长点和创新方向，推动产业结构的优化升级和经济的持续健康发展。同时，大健康产业的发展还可以带动相关产业的发展，如医疗器械、生物科技、信息技术等，形成产业集群效应，提升区域经济的竞争力。

表6-2　当前大健康产业涵盖范围

产业分类	行业名称	细分行业
第一产业	健康产品原材料种、养殖业	保健食品原材料种、养殖，药品原材料种、养殖和其他有关原材料种、养殖
第二产业	健康产品制造业	营养保健食品制造、医药制造、医疗仪器设备及器械制造、体育用品制造
第三产业	健康服务业	医疗卫生服务、健康管理与促进服务、健康保险和保障服务、其他相关服务

6.2 大健康产业的研究内容及关键问题

大健康产业作为近年来迅速崛起的战略性新兴产业，不仅关乎人民健康福祉，也是推动经济转型升级的重要力量。随着社会对健康需求的不断增加和科技的不断进步，大健康产业领域的研究问题日益丰富和深入。

6.2.1 大健康产业的研究内容

在大健康产业迅速崛起的背景下，其研究内容日益丰富且具有多维度的特点，涵盖了从产业发展模式到技术创新，再到市场需求与供给匹配、政策支持与监管机制以及国际化发展等多个方面。

（1）大健康产业的发展模式与路径研究

针对大健康产业的发展模式与路径问题，当前研究主要集中在以下几个方面：一是总结分析国内外大健康产业的发展模式和路径，提炼成功经验；二是研究我国大健康产业的现状和问题，提出针对性的发展策略和建议；三是探索新兴业态和商业模式在大健康产业中的应用前景和潜力。例如，通过案例分析、比较研究等方法，深入研究健康旅游、健康养老、互联网医疗等新兴业态的发展模式和路径。随着居民健康观念的变化以及科技创新影响下新业态、新应用、新场景的不断衍生，大健康循环产业链的内涵和外延不断向产品服务与消费促进领域延伸和拓展，如图 6-2 所示。

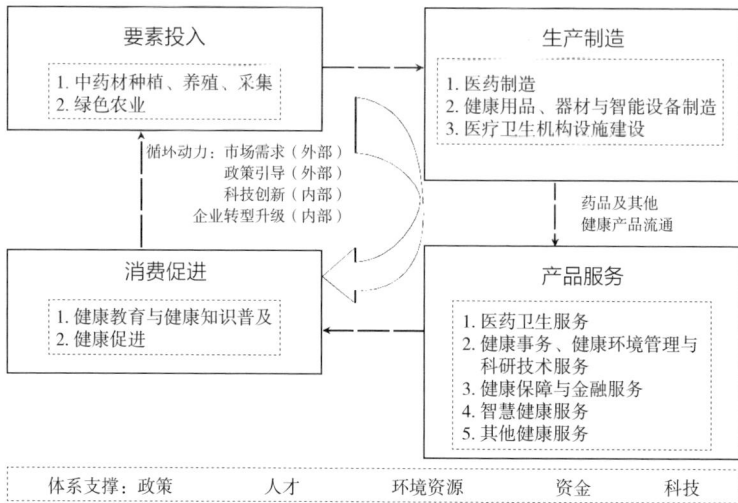

图 6-2 大健康循环产业链

（2）大健康产业的创新驱动因素研究

针对大健康产业的创新驱动因素问题，当前研究主要集中在以下几个方面：一是研究技术创新在大健康产业中的应用和发展趋势，包括新药研发、医疗设备改进、健康管理系统优化等方面的技术创新；二是研究管理创新在大健康产业中的作用和影响，包括企业组织结构变革、运营模式创新、供应链管理优化等方面的管理创新；三是研究模式创新在大健康产业中的实践和挑战，包括跨界融合、产业链整合、平台化运营等方面的模式创新。通过定量分析和定性研究相结合的方法，深入剖析创新驱动因素对大健康产业发展的影响机制和作用路径。

（3）大健康产业的政策支持与监管机制研究

针对大健康产业的政策支持与监管机制问题，当前研究主要集中在以下几个方面：一是研究大健康产业的政策需求和政策效果评估，包括政策制定、实施、评估等环节的科学性和有效性；二是研究监管机制在保障大健康产业规范有序发展中的作用和影响，包括监管主体、监管方式、监管效果等方面的监管机制；三是研究如何加强国际合作与交流，推动大健康产业的国际化发展。通过政策文本分析、案例研究等方法，提出完善政策支持体系和监管机制的对策建议。

（4）大健康产业的市场需求与供给匹配研究

针对大健康产业的市场需求与供给匹配问题，当前研究主要集中在以下几个方面：一是研究大健康产业的市场需求变化趋势和特征，包括需求结构、需求层次、需求潜力等方面的分析；二是研究大健康产业的供给结构和供给质量，包括供给能力、供给效率、供给品质等方面的评估；三是研究如何优化供给结构以满足市场需求，包括产品创新、服务升级、产业链整合等方面的策略。通过市场调研、数据分析等方法，为大健康产业的供给侧结构性改革提供科学依据。

（5）大健康产业的国际化发展研究

针对大健康产业的国际化发展问题，当前研究主要集中在以下几个方面：一是研究国际大健康产业的发展趋势和竞争格局，包括主要国家和地区的产业特点、竞争优势等方面的分析；二是研究我国大健康产业在国际市场中的定位和发展策略，包括市场拓展、品牌建设、国际合作等方面的策略；三是研究如何加强国际交流与合作，推动大健康产业的国际化进程。

6.2.2 大健康产业的关键问题

在大健康产业快速发展的过程中，面临着一系列重点与关键问题，这些问题直接关系到产业的持续健康发展和国际竞争力的提升。

特色产业园区
（载体）

市场需求 → 政府支持引导资源倾斜配置 → 重大项目引领引进重点企业产业基础形成 —产业推广→ 社会资源聚集完善产业配套 → 形成产业链产业体系

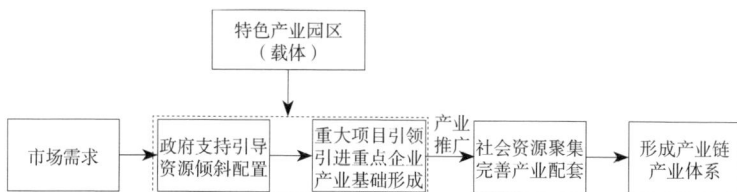

图6-3　政府引导型大健康产业集群发展路径图

（1）产业发展模式与路径的明确性

大健康产业的发展模式和路径是产业发展的重要基石。然而，当前国内外大健康产业的发展模式和路径多样且复杂，如何根据自身条件明确适合的发展模式和路径成为关键。需要深入研究不同国家和地区的发展经验，结合我国实际情况，探索出具有中国特色的大健康产业发展道路。当前，发展较为成熟的有政府引导型大健康产业集群发展路径，路径示意图如图6-3所示。

（2）创新驱动力的持续增强

创新是推动大健康产业持续发展的关键动力。然而，当前大健康产业的创新驱动力仍显不足，技术创新、管理创新和模式创新等方面均存在短板。如何加强创新能力建设，提升创新驱动力成为关键问题。需要加大科研投入力度，培养创新人才队伍，完善创新体系建设，为产业创新提供有力支持。

（3）政策支持与监管机制的完善性

政策支持与监管机制是大健康产业发展的重要保障。然而，当前政策支持体系尚不完善，监管机制也存在一定漏洞。如何制定科学合理的政策支持体系和完善监管机制成为关键。需要加强政策研究和评估工作，确保政策制定科学有效；同时加强监管力度和监管方式创新，保障产业规范有序发展。

（4）市场需求与供给匹配的精准性

大健康产业的市场需求与供给匹配直接关系到产业的发展质量和效益。随着人们对健康需求的不断增加，大健康产业的市场需求呈现出多元化、个性化的特点。然而，当前大健康产业的供给结构尚不能完全满足市场需求，存在供需不匹配的问题。因此，研究大健康产业的市场需求变化趋势和特征，探索优化供给结构的路径和策略，是当前研究的重点之一。

（5）大健康产业的国际化发展

随着全球化的深入发展，大健康产业的国际化趋势日益明显。如何加强国际合作与交流，推动大健康产业的国际化发展，是当前研究的重要问题。国际化发展不仅可以为大健康产业带来更多的市场机遇和发展空间，还可以促进技术创新和产业升级。因此，研究大健康产业的国际化发展路径和策略，对于提升我国大健康产业的国际竞争力具有重要意义。

6.3 大健康产业的新技术应用与新成果

随着科技的飞速发展，大健康产业不断融入新技术，推动了产业升级和变革。从人工智能、生成式人工智能到互联网技术，这些新技术的应用不仅提高了医疗服务的效率和质量，还促进了健康管理的个性化和精准化。

6.3.1 人工智能技术的应用与新成果

（1）人工智能在医疗诊断中的应用

人工智能技术在医疗诊断中的应用日益广泛，通过深度学习和图像

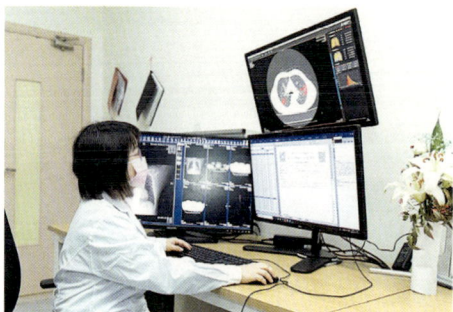

图 6-4　AI 智能 CT 阅片

处理等技术，AI 系统能够辅助医生进行疾病诊断。例如，AI 在影像诊断中表现出色，如图 6-4 所示，天翼云和上海联影共同打造的针对新型冠状病毒的 uAI 新型冠状病毒感染智能辅助分析系统就是其中之一。这款 AI 智能阅片系统能够将原本需要 5~15 分钟的 CT 阅片在 1 分钟内完成，提高诊断的准确性和效率。此外，AI 还被应用于皮肤癌、糖尿病视网膜病变等多种疾病的诊断，取得了显著成果。

（2）智能医疗机器人的研发与应用

　　智能医疗机器人是人工智能技术在医疗领域的重要应用之一。这些机器人不仅可以执行简单的手术操作，还能在护理、康复等领域发挥重要作用。例如，手术机器人可以通过微创方式进行精准手术，减少手术创伤和恢复时间；护理机器人则能够协助患者进行日常生活护理，提高生活质量。近年来，国内外多家医疗机构和企业纷纷投入研发智能医疗机器人，推动其在临床中的应用和普及，如图 6-5 所示为自闭症儿童陪护机器人。

（3）人工智能在健康管理中的应用

　　人工智能技术还被广泛应用于健康管理中，通过大数据分析和个性化算法，为用户提供精准的健康管理服务。例如，智能穿戴设备可以实时监测用户的生理指标，如心率、血压、步数等，并将数据传输至 AI 系统进行分析。AI 系统根据用户的健康状况和生活习惯，提供个性化的饮食建议、运动计划和健康风险评估等服务。此外，

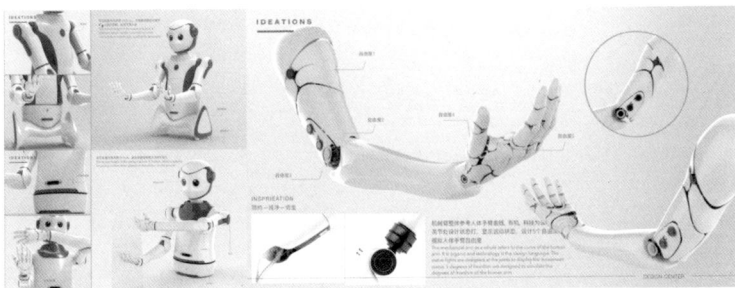

图6-5 自闭症儿童陪护机器人

AI还能辅助医生进行慢性病管理，通过远程监控和数据分析，及时调整治疗方案，提高治疗效果。

6.3.2 生成式人工智能技术的应用与新成果

（1）生成式 AI 在药物研发中的应用

生成式人工智能（Generative AI）技术在新药研发中展现出巨大潜力。通过深度学习算法和大规模数据集训练，生成式 AI 能够模拟分子的生成过程，预测新分子的药理活性和安全性。这种技术可以大大缩短药物研发周期，降低研发成本。

（2）个性化医疗方案的生成

生成式 AI 技术还能根据患者的个体特征和疾病情况，生成个性化的医疗方案。通过分析患者的基因信息、生理指标和病史等数据，AI 系统能够预测疾病进展趋势和治疗效果，为患者提供量身定制的治疗方案。这种个性化的医疗方案不仅能够提高治疗效果，还能减少不必要的医疗干预和药物副作用。

（3）虚拟患者和临床模拟

生成式 AI 技术还能创建虚拟患者和临床模拟环境，为医生提供实战演练和培训机会。虚拟患者可以根据设定的疾病情况和患者特征，模拟真实的临床场景和病情变化。医生可以在虚拟环境中进行诊断和治疗操作，通过反馈和评估不断提高临床技能。这种技术对于培养年轻医生和提高医疗服务质量具有重要意义。

6.3.3 "互联网＋"技术的应用与新成果

（1）互联网医疗平台的建设与发展

"互联网＋"技术的应用推动了大健康产业的数字化转型。互联网医疗平台通过在线问诊、远程医疗、电子病历等方式，打破了传统医疗服务的时空限制，提高了医疗服务的可及性和便捷性。近年来，国内外多家医疗机构和企业纷纷建立互联网医疗平台，为用户提供线上咨询、预约挂号、药品配送等一站式服务。这些平台不仅缓解了线下医疗资源的紧张状况，还促进了医疗资源的优化配置和高效利用。

（2）大数据分析和健康管理

"互联网＋"技术使得大数据分析在健康管理中的应用成为可能。通过收集和分析用户的健康数据、行为数据和社交数据等信息，大数据平台能够为用户提供个性化的健康管理和疾病预防服务。例如，通过分析用户的运动数据和饮食记录，平台可以为用户提供定制化的健身计划和饮食建议；通过分析用户的社交网络和情绪变化，平台可以预测用户的心理健康风险并提供相应的干预措施。

（3）智慧医疗和智能医疗设备的普及

"互联网＋"技术还推动了智慧医疗和智能医疗设备的普及。智慧医疗系统通过集成物联网、云计算和大数据等技术手段，实现了医疗资源的智能化管理和优化配置。智能医疗设备如远程监护仪、智能血糖仪等则能够通过互联网与医疗平台进行连接和数据交换，为用户提供便捷的自我监测和管理服务。这些设备的普及不仅提高了医疗服务的效率和质量，还促进了健康管理的个性化和精准化。

6.4 大健康产业领域的未来

大健康产业作为关乎国民健康福祉和经济社会发展的重要领域，其发展趋势备受关注。随着科技的不断进步，AI 和生成式 AI 技术在大健康领域的应用日益广泛，为推动产业变革和创新提供了强大动力。

6.4.1 大健康产业领域的未来发展趋势

（1）数字化与智能化融合加速

未来，大健康产业将进一步加快数字化与智能化的融合步伐。随着物联网、大数据、云计算等技术的广泛应用，医疗健康数据将实现全面采集、实时传输和智能分析。这不仅将提升医疗服务的效率和质量，还将促进健康管理的个性化和精准化。例如，通过智能穿戴设备实时监测用户的生理指标，结合 AI 算法进行数据分析，可以为用户提供定制化的健康管理方案。

（2）预防为主、全生命周期健康管理

随着人们对健康认知的提升，大健康产业将更加注重预防为主的理

念，推动全生命周期健康管理的发展。未来，健康管理将从传统的疾病治疗向疾病预防、健康促进和康复保健等方向延伸。AI 和生成式 AI 技术将在这个过程中发挥重要作用，通过大数据分析和个性化算法，为用户提供精准的健康风险评估和干预措施，实现从"治已病"到"治未病"的转变。

（3）跨界融合与产业生态构建

大健康产业将加速与其他产业的跨界融合，构建更加完善的产业生态体系。例如，医疗健康与互联网、物联网、人工智能等技术的深度融合将催生智慧医疗、远程医疗等新兴业态；与旅游、养老、体育等产业的融合将推动健康旅游、健康养老、运动健康等新型服务模式的发展。这些跨界融合将有助于拓展大健康产业的发展空间和市场潜力。

（4）政策引导与规范发展

政府在推动大健康产业发展中将继续发挥重要作用。未来，政府将出台更多扶持政策和规范措施，引导大健康产业健康有序发展。例如，加强医疗健康数据的安全管理和隐私保护；推动医疗器械和药品的审批制度改革；加强行业监管和自律机制建设等。这些政策措施将为大健康产业的持续健康发展提供有力保障。

6.4.2　人工智能与生成式 AI 在大健康领域的应用前景

（1）深度学习与医疗影像诊断

深度学习作为人工智能的重要分支，将在医疗影像诊断中发挥越来

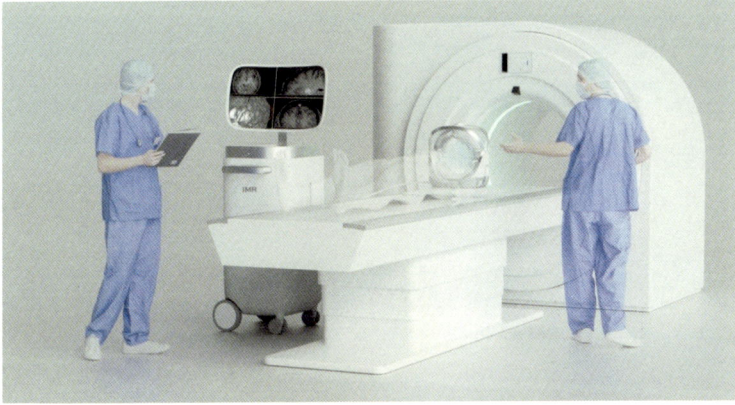

图 6-6　MRI 引导下的立体定向神经外科手术机器人

越大的作用。未来，深度学习算法将更加精准地识别和分析医学影像中的病变特征，提高诊断的准确性和效率。同时，随着生成式 AI 技术的发展，医学影像的自动标注和生成将成为可能，这将进一步减轻医生的工作负担并提高诊断效率。

（2）智能机器人与精准医疗

智能机器人在大健康领域的应用将不断拓展和深化。未来，手术机器人将实现更加精细化和智能化的手术操作（如图 6-6 所示为 MRI 引导下的立体定向神经外科手术机器人）；护理机器人将提供更加贴心和全面的护理服务；康复机器人则将帮助患者更快恢复健康。这些智能机器人的应用将推动精准医疗的发展，为患者提供更加个性化和精准化的治疗方案。

（3）生成式 AI 与新药研发

生成式 AI 技术在新药研发中的应用前景广阔。未来，通过生成式 AI 算法模拟分子的生成过程，可以预测新分子的药理活性和安全性，从而大大缩短药物研发周期并降低研发成本。此外，生成式 AI 还可以根据患者的基因信息和疾病情况生成个性化的药物组合和治疗方案，实现精准医疗的目标。图 6-7 为腾讯发布的首个 AI 驱动的药物发现平台云深

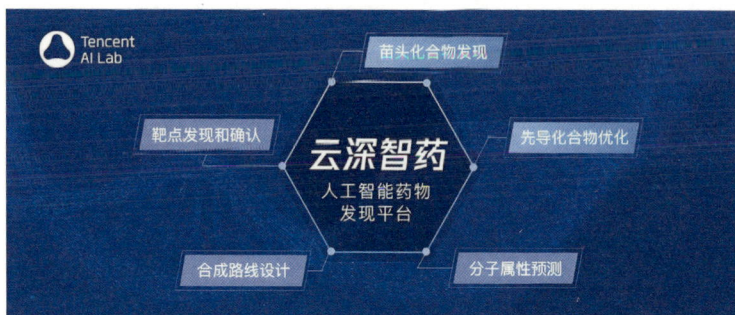

图 6-7　云深智药平台

智药（iDrug），整合腾讯 AI Lab 和腾讯云在前沿算法、优化数据库以及计算资源上的优势，提供覆盖临床前新药发现流程的五大模块，包括蛋白质结构预测、虚拟筛选、分子设计 / 优化、ADMET 性质预测及合成路线规划。

（4）个性化健康管理与精准营养

个性化健康管理是未来大健康产业的重要发展方向之一。通过 AI 和生成式 AI 技术对用户健康数据的深度分析和挖掘，可以为用户提供个性化的饮食建议、运动计划和健康风险评估等服务。此外，生成式 AI 还可以根据用户的基因信息和代谢特征生成精准的营养方案，帮助用户实现健康饮食和营养均衡的目标。

（5）智慧医疗系统与远程医疗服务

智慧医疗系统将是大健康产业数字化转型的重要成果之一。未来，通过集成物联网、大数据、云计算和 AI 等技术手段，智慧医疗系统将实现医疗资源的智能化管理和优化配置。同时，远程医疗服务将得到进一步普及，患者可以通过互联网与医生进行实时沟通，享受便捷的医疗服务体验，如图 6-8 所示为未来智慧医疗服务云服务平台示意图。这将有助于缓解医疗资源紧张的状况并提高医疗服务的可及度和便捷度。

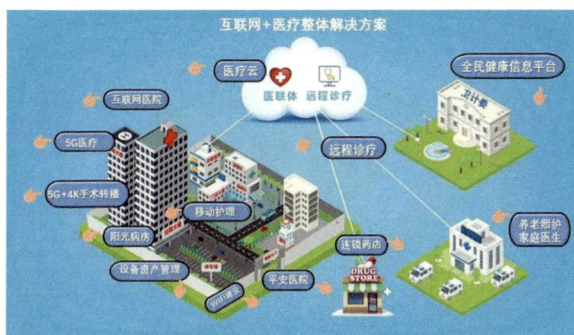

图 6-8 远程智慧医疗云服务平台

6.4.3 总结与展望

大健康产业作为关于国民健康福祉和经济社会发展的重要领域，其未来发展趋势备受关注。随着科技的不断进步和应用场景的不断拓展，AI 与生成式 AI 技术在大健康领域的应用将更加广泛和深入。这些技术的应用将推动大健康产业的数字化转型和智能化升级，提高医疗服务的效率和质量并促进健康管理的个性化和精准化。未来随着技术的不断创新和突破以及政策的持续引导和规范大健康产业将迎来更加广阔的发展前景和更加美好的未来。

参考文献

[1] 李桥兴, 赵红艳. 大健康产业发展研究综述 [J]. 经济研究导刊, 2018(7): 53-55, 90.

[2] 张三保, 陈堰轩. 大健康产业发展现状与前景 [J]. 企业管理, 2021(9): 58-63.

[3] 胡振宇, 黄艳, 李玉然. 我国大健康产业发展前景分析 [J]. 中国经贸, 2016(21): 184.

[4] 王子会, 韩璐, 姚晓东. 天津大健康产业发展潜力与路径研究 [J]. 天津经济, 2019(6): 8-12.

[5]   朱寿华，唐红珍，邓延秋，等．"互联网＋"背景下我国大健康产业发展
        分析 [J]. 中国战略新兴产业，2018(26): 3-4.

[6]   田秀杰，王愉晶．全民健康导向下我国大健康产业发展水平测度与空间
        差异研究 [J]. 卫生经济研究，2023, 40(8): 6-12.

[7]   黎扬．浅析中药老字号企业大健康产业发展战略 [J]. 中外交流，2019,
        26(43): 52-53.

[8]   练亚杰，傅文第，刘静茹，等．关于促进黑龙江省中医药大健康产业发
        展的思考 [J]. 中国现代中药，2022, 24(12): 2309-2314.

[9]   崔刚，刘阳，李志虹．健康中国视域下绿色锻炼融入 " 体医融合 " 大健康
        产业发展的研究 [J]. 文体用品与科技，2023, 3(3): 65-67.

[10]   赵燕．构建大健康产业双循环发展新格局 [J]. 经济研究导刊，2024(5):
        52-54.

[11]   李欢，张城彬．国际大健康产业发展路径研究 [J]. 卫生经济研究，2021,
        38(3): 9-13.

[12]   王汝林．基于架构创新的大健康产业互联网发展规划研究 [J]. 互联网周
        刊，2024(8): 50-52.

[13]   杨玲，鲁荣东，张玫晓．中国大健康产业发展布局分析 [J]. 卫生经济研究，
        2022, 39(6): 4-7.

[14]   王涛．数字经济促进了大健康产业高质量发展吗 ?[J]. 财会通讯，
        2023(15): 73-76, 82.

[15]   李俊，王韬．大健康产业发展现状及系统性大健康工程管理的必要性 [J].
        智慧健康，2021, 7(35): 1-5.

[16]   杨玲．我国大健康产业发展困境及对策研究 [J]. 商业经济，2022(4): 56-
        57, 65.

[17] 郭卫平.中国大健康产业发展趋势研讨 [C] // 大健康、大趋势 2017 年中美卫生与健康高层论坛论文集 . 2017: 201-207.

[18] 罗蓉,廖东帆,谢琼.发展大健康产业助力乡村振兴 [J].现代园艺,2023, 46(23): 72-74.

最后

未来设计发展之路

未来设计的发展趋势

人工智能如同一股强劲的科技风暴，席卷而来并深刻影响着我们生活的每一个角落。从最初的简单计算到如今的深度学习、自然语言处理与机器视觉等尖端领域，AI 以其惊人的学习能力与高效处理能力，不断突破技术边界。它不仅在科技巨头的研究室中熠熠生辉，更悄然渗透至医疗、交通、教育、娱乐等各行各业，成为推动社会进步的重要力量。AI 的崛起，正以前所未有的速度和广度，重塑着我们的生活方式，让未来充满了无限可能与惊喜。在本书中，我们共同探索于多个关键领域，见证了设计与人工智能如何携手共进。

未来设计的发展趋势将双轮驱动，加速前行。一方面，追求高质量内容生成为核心驱动力，设计师借助 AI 的精准分析与创造力，打磨出更富内涵与感染力的作品，满足用户日益增长的审美与功能需求。另一方面，通用人工智能与具身智能的融合，为设计注入灵魂，使产品不仅能理解人类情感，还能主动适应环境，提供个性化服务，构建起人与物之间更加和谐、智能的交互生态。这两大趋势共同引领设计走向更加人性化、智能化的未来。

·从 AIGC 到物理与人类世界仿真

AIGC 技术的飞速发展极大地推动了设计行业的智能化与个性化进程。从人工智能大模型发展历程来看，随着硬件的发展，训练模型可支撑的计算力在 21 世纪呈指数型增长，这促使基于扩散模型的图像生成模型、可理解上下文的语言对话模型与多模态模型的实现。随着算法模型的持续优化与计算能力的显著提升，高质量视频内容的即时生成将成为可能，这些视频不仅具备细腻的画质与流畅的动效，更能根据特定情境与受众需求，自动调整情感色彩与叙事节奏，为影视、广告、教育等多个行业带来革命性的变革。AIGC 模型能够生成更加复杂、多样且富有创意的设计内容，如游戏场景、建筑草图、服装款式、工业产品设计等。这不仅极大提升了设计效率，还使得个性化定制成为可能。设计师可以基于用户需求，利用 AIGC 技术快速生成多个设计方案，并通过用户反馈进行迭代优化，最终实现精准匹配用户偏好的设计作品。此外，AIGC 还能辅助设计师进行创意激发，通过模拟不同风格、元素和组合，为设计过程注入新的灵感和可能性。AIGC 技术飞跃，引领设计智能化与个性化新纪元，同时推动物理与人类世界仿真技术精进。这两大趋势交织，不仅加速创意产出，还深化对现实世界的理解，拓宽设计边界，为产品与服务带来前所未有的沉浸式体验与精准优化。

物理与人类世界仿真的技术突破将进一步拓展设计的边界和应用场景，构建现实世界的数字孪生是计算机科学与人工智能领域的一个极具挑战性和前瞻性的目标。数字孪生，作为物理实体或系统在数字空间中的精确映射，不仅能够实时反映物理世界的状态，还能通过模拟不同条件来预测未来变化，为自动驾驶、农业、城市管理等多个领域提供宝贵的决策支持。通过构建高精度的物理仿真模型，设计师可以模拟产品在真实环境下的性能表现，如力学特性、热传导、流体动力学等，从而在设计阶段就预测并优化产品的各项性能指标。同时，三维模型的智能生成也将达到前所未有的高度。AI 将能够精准捕捉并模拟现实世界中的复杂结构与光影效果，创造出逼真且富有创意的三维场景与物体。这一技术突破将极大地推动建筑设计、工业设计、游戏开发等领域的创新与发展，使设计师和开发者能够以前所未有的效率与自由度实现他们的创意构想。人类行为与社会系统的仿真也将为设计提供更加全面、深入的理解，帮助设计师设计出更符合人类使用习惯、心理需求和社会规范的产品。这种仿真技术将促进设计从单一产品向系统解决方案的转变，推动设计领域的跨界融合与协同创新。在未来，设计将不再局限于某一领域或行业，而是成为连接物理世界、数字世界和人类社会的桥梁，为人类社会创造更加美好的生活体验。

· 从具身智能到人机融合智能

　　未来的技术发展轨迹将聚焦于通用人工智能与具身智能的深度融合。当前，尽管人工智能在多个领域展现出巨大潜力，其专业化水平尚难以全面达到各行业专家所期待的高度，尤其是在深度嵌入专业领域时面临显著挑战。在设计领域，AI 目前更多扮演着辅助者的角色，而非主导者，这反映了其在专业深度上的局限性。成熟的 AI 技术势必将跨越界限，广泛渗透并深刻影响工业、医疗、制造业等多个关键领域，实现从理论模型到实际应用的跨越性转变。这一过程，即 AI "脱虚向实" 的必然趋势，不仅是技术进步的体现，更是推动社会生产力飞跃的关键力量。然而，具身智能作为 AI 发展的一个重要方向，作为人工智能领域的一个重要分支，正逐步从理论走向实践，引领着 AI 发展的新方向。这一概念强调智能体不仅应具备强大的计算与学习能力，还应拥有类似人类的身体感知与行动能力。

　　随着传感器技术、机器人技术以及深度学习算法的进步，具身智能正逐步实现对外界环境的精准感知与灵活应对。从家庭服务机器人到工

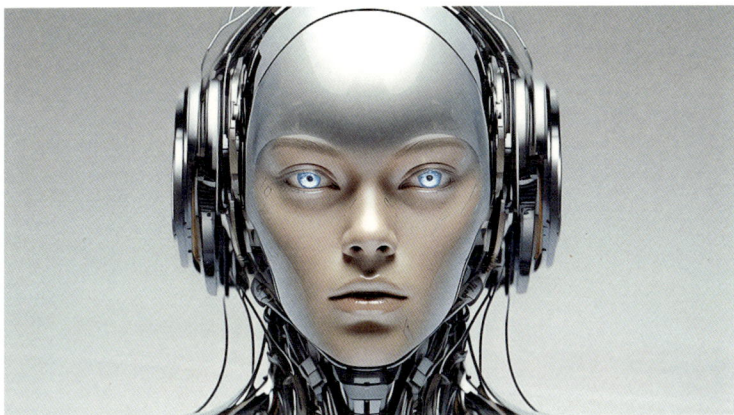

图 1　人工智能的下一个浪潮：具身智能
（图片来源：文心一格生成）

业自动化机械臂，具身智能的应用场景日益广泛，它们不仅能够执行复杂的物理任务，还能通过视觉、触觉等多模态感知与人类进行初步互动，如图 1 所示。未来随着材料科学、生物工程等领域的突破，具身智能将更加接近生物体的真实体验，实现更高级的感知与行动能力，为 AI 融入人类生活奠定坚实基础。其当前的发展进程遭遇了一个核心瓶颈——数据资源的匮乏与多维度的挑战。具身智能的核心在于其强大的交互能力，这要求 AI 系统能够处理更为复杂、多维度的数据集，以实现更加精准、自然的互动体验。因此，构建适用于通用具身智能训练的海量、高质量数据集，成为亟待解决的关键问题。为解决这一难题，必须深化 AI 设计与产业制造业的紧密融合，通过构建真实的物理仿真环境，为 AI 系统提供丰富的实践场景与数据反馈。这种融合不仅能够促进 AI 技术在现实世界中的有效应用，还能够通过实际操作的反馈机制，不断优化 AI 模型，提升其适应性与智能化水平。

　　在具身智能的基础上，人机融合智能作为 AI 发展的下一个前沿阵地，正逐渐展现出其巨大的潜力与价值。人机融合智能不是机器对人类能力的简单模仿或增强，而是追求在认知、情感乃至意识层面上的深度融合。这一目标的实现，将依赖于脑机接口技术、情感计算、自然语言处理等多个领域的协同创新。未来的人机融合智能系统将能够实时理解人类的思维、情感与需求，并据此做出相应的反应与决策。同时，人类也将能够借助这些智能系统，拓展自身的认知边界，提升工作效率与生活质量。人机融合智能的发展，不仅将推动 AI 技术的全面升级，更将深刻改变人类社会的生产方式、生活方式乃至思维方式，开启一个全新的智能时代。人机融合智能是人工智能领域的前沿探索，它强调人类智能与机器智能的深度融合。通过人机协同工作，实现更高效、精准和便捷的决策与问题解决。人机融合智能不仅提升了机器的智能化水平，还使机器能够更好地理解人类需求，提供更加个性化的服务。这种智能体系的发展，推动了 AI 技术的全面升级，对提升人类生活质量、促进经济发展以及引发社会变革具有重要意义。

伦理担当与社会责任

· AI 的伦理问题

　　AI 技术的广泛应用，虽带来了前所未有的便利与效率，但其背后的伦理与偏见问题亦不容忽视。随着 AI 技术的迅猛发展，其在数据处理、决策制定、创意设计等领域展现出巨大潜力，但也带来了诸多伦理挑战。首先，隐私保护是 AI 伦理的重要议题。AI 系统通过海量数据的收集与分析来优化性能，但这一过程中可能侵犯用户隐私，如未经许可收集个人信息、滥用数据等。因此，如何在保障 AI 技术发展的同时，有效保护个人隐私，成为亟待解决的问题。其次，算法偏见与歧视也是 AI 伦理的重要方面。由于训练数据的不完整或偏见，AI 系统可能在学习过程中吸收并放大这些偏见，导致在决策时产生不公平的结果。例如，在招聘、信贷等领域，AI 系统可能因种族、性别等因素对特定群体产生歧视。为了消除这一隐患，需要从源头入手，确保训练数据的多元化与公正性，同时增加算法的透明度与可解释性，使公众能够理解并信任其决策过程。最后，定期的算法审计与偏见检测也是必不可少的环节，以确保人工智能系统始终遵循公平、公正的原则运行。对于 AI 算法可能存在的偏见问题，应保持高度警惕，通过持续优化与调整算法，确保其能够公正、公平地对待每一位用户，消除任何形式的歧视与偏见。同时，我们还应倡导 AI 的透明性与责任感，让其在设计过程中的每一个决策都能被用户所理解、所信任，确保技术的发展始终服务于人类社会的整体利益。

·AI 的社会责任

　　AI 的社会责任不仅关乎技术进步本身，更在于如何确保技术成果惠及全人类，同时避免潜在的负面影响。首先，AI 的社会责任体现在促进教育公平与终身学习上。通过智能教育平台，AI 能够为学生提供个性化的学习体验，打破地域、资源限制，让优质教育资源触达每一个角落。这不仅有助于缩小教育差距，还能激发全民学习热情，推动社会整体知识水平的提升。其次，AI 的社会性对用户体验至关重要。语言交流、合作与协商能力以及角色扮演能力是社交能力的关键方面，AI 在提升公共服务效率与质量方面扮演着重要角色。从智慧城市到智能交通，AI 技术的应用使得城市管理更加精细化、高效化，为民众提供更加便捷、精准的公共服务。最后，AI 还能在医疗、养老等领域发挥巨大潜力，通过精准诊断、智能护理等手段，提升医疗服务水平，缓解社会养老压力。AI 的社会责任还包括确保技术应用的伦理合规与隐私保护。企业、政府及社会各界需共同努力，建立健全 AI 伦理规范体系，加强数据保护，防止技术滥用，确保 AI 技术健康发展。总之，人工智能的社会责任是多方面的，既要求技术创新与应用，又强调伦理道德与社会责任的平衡。只有这样，AI 才能真正成为推动社会进步、增进人类福祉的强大力量。

未来设计的机遇与挑战

· 数智融合驱动产业转型

随着大数据、云计算、人工智能等技术的深度融合与应用，传统产业正经历着前所未有的变革与升级。企业作为产业转型的主体，正积极拥抱数智化浪潮，通过智能化改造提升产品竞争力，优化制造流程，实现设计研发的高效协同，以及运营与供销链的精准管理。在这一过程中，数据成为新的生产要素，智能技术成为推动产业升级的核心引擎。数智融合不仅重塑了企业的生产方式和商业模式，更在产业层面引发了深刻的治理变革。政府利用大数据分析与智能决策支持系统，实现了对产业发展的精准调控与高效服务，促进了产业结构的优化升级和产业链的协同发展。同时，数智融合还打破了行业壁垒，促进了跨界融合与协同创新，为产业注入了新的活力与动力。

数智融合正以前所未有的力量驱动着企业与产业的深刻转型，这一过程在多个维度上展现出其独特的魅力与潜力。从企业智能化的角度看，数智融合不仅实现了产品从设计到服务的全链条智能化升级，还重塑了企业的核心竞争力。产品设计研发借助大数据分析与 AI 算法，实现了更

图 2　AI 驱动的机器人高效率生产作业
（图片来源：文心一格生成）

精准的市场定位与创新；制造过程通过智能制造技术，实现了高效、灵活与定制化生产，如图 2 所示；运营与供销链则依托物联网与云计算，构建起透明、协同的供应链体系；服务环节更是利用智能客服、远程运维等技术，提升了客户体验与满意度。这一系列变革，不仅提升了企业的运营效率与市场响应速度，更推动了产品与服务的持续创新与优化。

　　而产业治理的智能化，则是数智融合在更高层面上的体现。通过构建智慧监管平台，实现对产业链上下游企业的精准监管与高效服务，促进了产业的规范发展与公平竞争。同时，利用大数据分析与预测模型，能够提前洞察产业趋势与风险点，为政策制定提供科学依据。此外，数智融合还促进了产业间的跨界融合与协同创新，形成了新的产业生态与增长点。产业治理的智能化，不仅提升了产业的整体效能与竞争力，更为经济的可持续发展注入了新的活力与动力。

· AI 驱动设计创新，重塑中国制造

　　人工智能的演进历程，是从坚实的理论基础与创新的算法架构出发，逐步跨越至广泛而深入的应用实践之中。在这一过程中，智能环境的构建与人机互动的深化，成为加速 AI 技术发展的强大引擎。通过持续的数

据收集与分析，从基础层面为 AI 系统提供了源源不断的学习素材，促进了其智能化水平的显著提升。在经济全球化日益加深的今天，设计作为连接创新与市场的桥梁，其重要性不言而喻。长期以来，中国设计领域在国际舞台上虽不乏亮点，但整体影响力和话语权仍有待提升。然而，随着 AI 技术的蓬勃兴起，这一局面正悄然发生转变，中国设计领域被注入了前所未有的活力与机遇，预示着中国设计新时代的到来。

　　AI 技术以其强大的数据处理能力和学习算法，为设计领域带来了革命性的变革。它不只是一个工具，更是设计思维与创意的催化剂。AI 能够跨越传统设计的界限，通过深度学习不同风格、文化和时代的美学特征，自动生成多样化且高质量的设计方案。这一特性极大地降低了设计门槛，使更多人能够参与到设计创作中，无论是专业设计师还是普通爱好者，都能借助 AI 的力量，实现个人设计梦想。中国作为世界制造业大国，拥有完善的产业链和强大的生产能力，AI 技术的引入，为这一优势增添了新的动力。通过 AI 辅助设计，企业可以快速响应市场需求变化，设计出符合消费者口味的产品，并迅速投入生产。这种"设计—生产—市场"的高效循环，不仅提高了生产效率和产品质量，还促进了中国制造业向智能化、高端化的转型升级，如图 3 所示。未来，中国设计有望在国际市场上占据更加重要的位置，以独特的创意和卓越的品质赢得全球消费者的青睐。

　　在高端制造业等关键领域，中国长期面临技术瓶颈和"卡脖子"问题。AI 技术的应用，为解决这些问题提供了新的思路和途径。AI 不仅重新定义了生产流程，将传统的直线式作业模式转变为更加灵活高效的环节式结构，还通过智能化决策与优化，大幅提升了生产效率和产品质量。

图 3　未来设计与智能制造
（图片来源：宝马汽车官网）

更为重要的是，智能制造与 5G、物联网、大数据等前沿技术的深度融合，共同编织出一张覆盖制造业全链条的数字网络。这张网络不仅实现了生产信息的即时传输与共享，还通过数据驱动的决策支持系统，为企业提供了前所未有的洞察力和决策能力。在这样的背景下，中国制造业正经历着一场深刻的产业变革，向着更加绿色、智能、高效的方向迈进。通过 AI 辅助的精准设计和高效生产，中国可以在这些领域实现技术突破和自主创新，从而摆脱对外部技术的依赖，提升国际竞争力。这不仅有助于中国设计在国际舞台上获得更多话语权，还能为中国经济的可持续发展注入新的动力。

　　AI 大模型在制造业的广泛应用，将极大促进生产过程的智能化、自动化与精准化。从产品设计到供应链管理，再到生产执行与质量控制，每一个环节都将因 AI 的介入而变得更加高效、灵活与可控。设计与 AI 的结合，不仅加速了制造业的数字化转型，更为"中国制造"向"中国智造"的跨越提供了强大的技术支持和动力源泉。我们坚信，在这一波 AI 技术浪潮的推动下，设计与制造业的深度融合将催生出一系列新兴业态与产业模式，为我国经济的高质量发展注入新的活力与动力。

结语

展望未来，人工智能正以其不可阻挡之势，深度融入并革新着各行各业。从精密制造到智慧医疗，从金融科技到智慧城市，AI 的触角不断延伸，为人类社会带来了前所未有的变革与福祉。更重要的是，人工智能的广泛应用促进了社会整体效率的提升，释放了人类创造力，使我们能够专注于更高层次的精神追求与人文关怀。它不仅是技术进步的象征，更是人类智慧与文明发展的新篇章。人工智能的未来发展充满了无限可能，它将继续以其独特的优势，为人类社会带来更加便捷、高效、智能的生活方式，促进人类文明的持续繁荣与进步。我们有理由相信，在人工智能的助力下，一个更加美好、和谐的未来正向我们大步走来。

参考文献

[1] 何宛余, 杨良崧. 生成式人工智能在建筑设计领域的探索——以小库 AI 云为例 [J]. 建筑学报, 2023(10): 36-41.

[2] GRADY P, HUANG S. Generative AI: A Creative New World[EB/OL]. (2022-09-19) [2023-06-25].https://www.sequoiacap.com/article/generative-ai-a-creative-new-world/.

[3] 周涛, 李鑫, 周俊临, 等. 大模型智能体: 概念、前沿和产业实践 [J]. 电子科技大学学报（社科版）, 2024, 26（4）: 57-62.